LES
ARTS ARABES

ARCHITECTURE

MENUISERIE — BRONZES — PLAFONDS — REVÊTEMENTS

PAVEMENTS — VITRAUX — ETC.

AVEC UN TEXTE DESCRIPTIF ET EXPLICATIF

ET

LE TRAIT GÉNÉRAL DE L'ART ARABE

PAR

JULES BOURGOIN

ARCHITECTE

PARIS

A. MOREL, LIBRAIRE-ÉDITEUR

13 — RUE BONAPARTE — 13

M DCCC LXVII

4407.

LES

ARTS ARABES

LES

ARTS ARABES

ARCHITECTURE

MENUISERIE — BRONZES — PLAFONDS — REVÊTEMENTS

MARBRES — PAVEMENTS — VITRAUX — ETC.

AVEC UNE TABLE DESCRIPTIVE ET EXPLICATIVE

ET

LE TRAIT GÉNÉRAL DE L'ART ARABE

PAR

JULES BOURGOIN

ARCHITECTE

PARIS

Vᵉ A. MOREL ET Cⁱᵉ, LIBRAIRES-ÉDITEURS

13 — RUE BONAPARTE — 13

M DCCC LXXIII

E n'est que depuis le commencement du siècle que l'attention des artistes et du public s'est portée sur les diverses expressions de l'art oriental. La commission d'Égypte fit entrer dans son ouvrage quelques spécimens des monuments du Caire. Mais alors la critique scientifique ou historique était à peine née, et dans les monuments ou objets d'art, on ne voyait que la forme extérieure sans trop s'enquérir des causes qui avaient pu provoquer cette forme. Plus tard, un artiste d'un talent distingué, et d'une modestie égale à son mérite, établi au Caire pendant plusieurs années, remplissant auprès du vice-roi d'Égypte les fonctions d'architecte et d'ingénieur, fit paraître un ouvrage sur les mosquées du Caire qui eut un succès mérité. Le premier, il mettait en lumière, et d'une manière assez complète, l'architecture si remarquable de cette partie de l'Orient. Si M. Coste (car c'est de lui qu'il est question ici) eût été possédé de ce besoin de renommée qui court aujourd'hui les rues, il eût pu dès lors prendre la tête des architectes explorateurs et archéologues, donner un tour quelque peu critique à son ouvrage, se lancer dans des théories sur l'art, provoquer quelques discussions, envoyer des mémoires et se faire ouvrir les portes de l'Institut, tout au moins. D'autres que lui y sont bien entrés avec un plus mince bagage. Mais M. Coste est un artiste, rien qu'un artiste, et il n'a pas plutôt mis au jour un de ces ouvrages qui rempliraient l'existence d'un architecte, qu'il abandonne le nouveau-né à son destin et court ailleurs recueillir d'autres matériaux qui lui permettront de produire une nouvelle œuvre. Sorte de pionnier de l'archéologie, M. Coste ne s'arrête que quand les forces lui manquent, et elles ne lui ont heureusement jamais manqué. Ni les privations, ni le désert, ni l'insuffisance des ressources, ni le temps, ni le désir de revoir sa belle ville de Marseille, ne lui ont jamais fait perdre l'occasion de retenir et de dessiner avec un calme parfait les monuments qu'il voulait ranger dans ses portefeuilles. N'allez pas croire que M. Coste soit une façon d'homme de guerre, robuste, imposant, sachant, comme certains Anglais et Américains, se faire place partout. Non pas. M. Coste est un petit homme, d'apparence timide, boitant par suite d'une fracture à la jambe, tenant le moins de place possible partout où il se trouve ; mais à son œil vif, à un sourire à la fois bienveillant et un peu narquois, à une certaine carrure du front, on reconnaît bien vite une de ces natures vivaces et persistantes qui trouvent le moyen d'arriver à leurs fins. Quand on connaît bien l'homme et un peu l'Orient, on comprend comment M. Coste a pu passer partout, dessiner partout, comme dans son cabinet. Son second grand ouvrage sur les *Monuments modernes de la Perse* est supérieur encore à celui qu'il publia sur le Caire, et est fait pour éclairer bien des points obscurs de l'histoire architectonique de l'Orient. Ces ouvrages toutefois (et c'est là leur mérite) sont comme un premier défrichement et laissent un vaste champ aux travaux analytiques et critiques. Au rebours de beaucoup de nos explorateurs modernes qui prétendent tirer les plus vastes conséquences souvent de la découverte d'un fait de peu d'importance, M. Coste donne tout bonnement ses dessins au public, avec une candeur digne de l'âge d'or. Parfois ces dessins, ces relevés, soulèveraient les questions les plus étendues, permettraient des théories pleines d'aperçus singuliers. N'attendez de M. Coste autre chose qu'une description simple, quelques

a

dates, quelques faits historiques relatifs aux édifices qu'il fait graver,... puis c'est tout. Il laisse au public le soin des déductions ; il fait huit cents kilomètres, n'importe comment, et passe à un autre monument. J'avoue que dans un siècle où le moindre déplacement est l'objet de descriptions... trop longues, où le voyageur nous fait part des petits accidents de la route, nous dit si son cheval est déferré, si son souper fait défaut, cette modestie antique à la façon d'Hérodote et de Xénophon est un avantage considérable : c'est un hommage que je me plais ici à rendre à notre vénérable doyen M. Coste.

Un jeune architecte, M. Bourgoin, a séjourné lui aussi quelque temps au Caire; il fait partie de cette seconde couche d'explorateurs qui ne se contentent plus des apparences, qui veulent découvrir les causes et en tirer des conséquences. M. Bourgoin ne s'arrête pas d'ailleurs aux déductions archéologiques ou historiques, il entre résolument dans le domaine de la pratique. Il croit qu'il n'y a pas seulement dans l'étude analytique de l'art oriental une satisfaction de curiosité, mais que l'art peut tirer un profit sérieux de cette étude, et il le prouve.

Il serait difficile de dire où et quand la géométrie élémentaire a été appliquée à la composition décorative. Dans les monuments les plus anciens de l'Égypte, on voit apparaître les combinaisons de droites et de portions de cercle dans la décoration peinte et sculptée; on trouve également l'emploi de figures géométriques dans l'ornementation des monuments de l'Inde, de la Syrie et de l'Asie Mineure, bien avant l'invasion de l'islamisme. C'est peut-être borner un peu trop la question que de considérer ce genre d'ornementation comme appartenant aux *Arabes*. D'ailleurs, au point de vue de l'histoire de l'art, que sont les Arabes? Existent-ils? Ont-ils été des initiateurs ou des promoteurs? Ont-ils apporté quelque chose qui leur appartienne en propre, au milieu des pays qu'ils ont conquis? J'avoue que la dénomination *d'art arabe* paraît prêter à l'équivoque ; historiquement parlant, elle est au moins très-vague. Mais ne disputons pas sur les mots. On est convenu de donner le nom *d'art arabe* à l'art qui s'est propagé dans des contrées et au milieu de races diverses par la conquête de l'Islam, depuis l'Asie jusqu'à l'Espagne ; soit. Cet art exclut, sinon d'une manière absolue, au moins généralement, la représentation des êtres animés, il limite ainsi ses conceptions décoratives aux formes empruntées à la géométrie et un peu aussi à la flore, qui elle-même est soumise à des lois géométriques. C'est surtout chez les peuples sémitiques que ces tendances se manifestent avec énergie, du moins à dater du mahométisme. Là où les mélanges de races existent, l'ornementation participe de diverses influences et les représentations empruntées à la nature organique se mêlent aux combinaisons purement géométriques. C'est ce qui apparaît dans les arts de la Perse, de la Sicile et de l'Espagne arabe.

Dès le ive siècle de notre ère, et par conséquent avant l'invasion des conquérants arabes, on voit apparaître sur les monuments chrétiens de la Syrie centrale ce genre d'ornements composé de figures géométriques auquel on est convenu de donner le nom *d'entrelacs*, et ces ornements ne se trouvent point mélangés d'imitation du règne animal, sauf de très-rares exceptions. Si, comme cela ne peut être mis en doute, ces édifices de la Syrie centrale sont dus à des colonies grecques, profondément sémitisées, il faudrait donc ne pas considérer les entrelacs géométriques comme appartenant seulement aux Arabes. D'ailleurs, ainsi qu'il est dit plus haut, des édifices de l'Ionie et de la Syrie, très-antérieurs au christianisme, nous montrent des entrelacs géométriques, formant une décoration plate comme une tapisserie, entaillés dans la pierre, et les Arabes n'ont rien eu à voir dans ces formes d'art.

Malheureusement, il ne reste rien des monuments d'Égypte dus à l'école d'Alexandrie; les armées d'Omar détruisirent les monuments du bas Nil aussi bien que les bibliothèques ; et si son lieutenant Amrou construisit des mosquées, il est à présumer que ces édifices furent bâtis par les vaincus bien plutôt que par les soldats du conquérant, et que leur décoration ne fit que reproduire le style adopté avant la conquête, avec la défense absolue, toutefois, de reproduire la figure humaine ou les animaux. La tradition de ces entrelacs géométriques paraîtrait ainsi appartenir aux écoles grecques de la décadence, non point aux populations ou plutôt aux tribus ramassées sur les bords de la mer Rouge et du golfe Persique, car il n'est guère présumable que les armées d'Omar et de ses successeurs emmenassent avec elles des artistes et prétendissent imposer un style d'architecture aux pays conquis. Un homme de génie peut rassembler, organiser et instruire une armée en quelques mois, mais il faut des siècles pour établir une école d'art, et la volonté d'un homme ne suffit pas pour la former et la développer.

Quoi qu'il en soit de l'origine de cette ornementation à laquelle on donne le nom d'*arabe*, elle possède un caractère qui lui est particulier. Comme aspect général, elle représente toujours ce qu'on appelle en architecture une tapisserie, c'est-à-dire une surface décorée plane, aux saillies et distributions à peu près égales, se rapprochant plutôt de la gravure ou du champlevage que de la sculpture, et rappelant, par cette exécution, la décoration des édifices de l'antique Égypte. Dans les monuments de l'Inde d'une époque assez ancienne, c'est-à-dire des v⁰ et vi⁰ siècles avant l'ère chrétienne, on reconnaît parfois l'emploi de ce genre de décoration, mais il n'exclut pas la sculpture ronde bosse, les saillies très-prononcées. Au contraire, les monuments de l'Inde et ceux du royaume de Siam, de la belle époque bouddhique, affectent, à côté d'une ornementation très-plate, et ressemblant à une étoffe gaufrée, des saillies d'une puissance d'effet dont nos architectures occidentales les plus riches ne peuvent montrer l'équivalent. Rien de pareil dans l'ornementation dite arabe; cette ornementation n'est jamais qu'une gaufrure. Ainsi les artistes orientaux, réduits à n'employer que ce procédé, soit par suite de tradition antérieure, soit plutôt pour se renfermer dans les programmes imposés par les conquérants, étaient singulièrement limités lorsqu'il s'agissait de composer. Nous disons qu'en cela les artistes orientaux subissaient des programmes; voici pourquoi : Ces conquérants arabes vivaient, de temps immémorial, sous des tentes, comme la plupart des peuples sémitiques. Ils n'avaient d'autre luxe que celui des étoffes et des armes. Pour eux, le monument, comme pour les Juifs de l'époque primitive, n'était autre chose que la tente, la cabane, recouverte d'une étoffe précieuse ; leurs habitudes ne pouvaient se faire à ces édifices aux surfaces bossuées, couvertes de saillies, de sculptures, qu'ils rencontraient sur leurs pas, là où les civilisations grecque et romaine avaient laissé de nombreuses traces. Ces statues, ces bas-reliefs, ces frises saillantes dans lesquelles s'épanouissaient de larges rinceaux mêlés à des figures et à des animaux, devaient leur paraître des monstruosités dues à des imaginations égarées par le panthéisme. Admettons donc que l'école d'Alexandrie elle-même n'eût pas déjà, avant l'invasion arabe, adopté un style de décoration se rapprochant de la tapisserie, il y a tout lieu d'admettre que les conquérants la mirent dans la nécessité d'adopter ce style, comme se rapprochant davantage de ce qu'ils avaient continuellement sous les yeux et comme étant le seul que l'homme pût se permettre en face du Dieu unique dont les œuvres ne devaient pas être imitées par la créature.

Ne pouvant donc faire entrer dans la décoration des édifices des objets usuels, ni le simulacre de l'homme, ni celui de l'animal, ni même de la plante, il ne restait qu'une porte ouverte aux artistes,... la géométrie,... une abstraction,... pour les docteurs de l'Islam du moins, qui ne pouvaient voir dans cette science une des *choses* créées, ni probablement même un ordre universel, une loi générale à laquelle toute chose créée est soumise. Ce n'est pas par le côté philosophique que brille l'esprit des Sémites, et ceux-ci ne s'aperçurent jamais certainement qu'en laissant les artistes en possession de la géométrie seule, pour composer leurs ornements, ils leur livraient l'élément créateur par excellence, le principe sur lequel s'appuie toute la création dans l'ordre matériel; mais n'accusons pas trop l'islamisme de contradiction, il aurait beau jeu pour nous répondre.

Ceux d'entre nous qui ont essayé de dessiner quelques-uns de ces ornements arabes que l'on qualifie d'*entrelacs* savent qu'au premier abord, on est saisi de vertige par ces enchevêtrements de lignes droites et courbes qui forment un ensemble concret, harmonieux, mais dont les combinaisons semblent se dérober à l'examen. Ces dessins rappellent certains réseaux que présente, sous les verres du microscope, la section de quelques organes des végétaux ou des animaux. Mais si l'on procède par la méthode analytique, si on trace d'abord quelques lignes qui paraissent gouverner le système, on reconnaît que le principe de ces compositions compliquées est d'une parfaite simplicité. C'est à ce travail que M. Bourgoin s'est attaché dans l'ouvrage qu'il donne aujourd'hui au public. Il a cherché les formules génératrices d'un grand nombre de combinaisons d'ornements arabes, et il démontre de la manière la plus lucide que ces formules dérivent de la géométrie élémentaire. Dans un exposé sommaire, méthodiquement tracé, en ce qu'il procède du simple au composé, M. Bourgoin nous livre les secrets (très-naïfs d'ailleurs) de la composition des maîtres arabes. A l'appui de ce traité élémentaire, il donne de nombreux exemples de l'ornementation arabe du Caire, au moment de la plus belle floraison. Inutile de nous étendre sur les qualités solides de cet ouvrage. Elles seront appréciées facilement par les artistes et même par les artisans. Car le livre de M. Bourgoin n'est pas seulement un de ces recueils de gravures agréables à parcourir, qui garnissent les bibliothèques des architectes et des décorateurs, mais que l'on ne consulte guère; c'est un traité pratique et complet qui découvre tout un ordre nouveau de composition. Si intéressants que soient les exemples recueillis par M. Bourgoin, ils ne sont que la partie la moins importante de l'ouvrage. En effet, celui qui voudra se familiariser avec les méthodes mises en lumière par l'auteur — et tous ceux qui savent la géométrie élémentaire peuvent arriver à ce résultat en quelques heures — possède immédiatement un champ infini de combinaisons décoratives applicables à l'architecture même, à la menuiserie, à la peinture d'ornements, à l'ébénisterie, à la serrurerie fine, aux bronzes, aux émaux, aux dessins d'étoffes, papiers de tenture, etc.

Comme corollaire de l'ouvrage dû à M. Bourgoin, M. Morel, notre infatigable éditeur, en prépare un autre sur les peintures et faïences de l'école persane recueillies à Brousse et à Constantinople par M. Parvillée, qui a séjourné longtemps en Orient et qui s'est identifié les arts décoratifs de l'Asie Mineure septentrionale pratiqués exclusivement par des artistes de la Perse. L'étude de ce second ouvrage démontre de la manière la plus complète comment, d'un même principe, des artistes de pays différents et d'aptitudes diverses ont su tirer des conséquences très-variées. C'est là un grand enseignement. Les arts du dessin ont leur philosophie; il faut savoir y trouver autre chose que la forme apparente, il faut en analyser les principes créateurs : c'est le seul moyen de créer à son tour. C'est ce que l'on comprend déjà en Allemagne et en Angleterre, où on ne croit pas nécessaire d'interdire aux artistes de raisonner. Espérons que nous comprendrons aussi un jour l'utilité des méthodes analytiques dans l'étude des arts. L'ouvrage de M. Bourgoin est, dans cette nouvelle voie, un grand pas de fait. Il peut être aussi utile à nos artisans qu'aux artistes. C'est, contrairement à la plupart des ouvrages sur les arts de notre temps, non pas un recueil, mais un livre qui a un commencement et une conclusion qui prouvent quelque chose.

E. VIOLLET-LE-DUC.

INTRODUCTION

Bien que les matériaux que nous publions aujourd'hui aient été choisis et rapprochés seulement dans le dessein de faire connaître d'une manière aussi complète que précise l'ornementation géométrique de l'Orient, il est permis de croire que quelques observations générales sur l'art de l'Orient mahométan ne paraîtront point inutiles. Ces réflexions seront nécessairement incomplètes, car pour donner une vue d'ensemble de cet art, il faudrait avoir recueilli assez de matériaux dans toutes les contrées qui ont fait partie jadis du vaste empire des Arabes; il faudrait avoir reconnu, en théorie le fond essentiel, et dans l'histoire l'enchaînement des diverses influences qui ont concouru à son brillant épanouissement. Or, nous n'en sommes point encore là, et l'esthétique de l'art mahométan n'est point encore assez avancée. Pour le moment, le lecteur doit se contenter de quelques indications générales destinées à lui marquer la route que nous avons suivie et le but vers lequel nous tendons.

Et d'abord disons un mot de ce que l'on sait de l'art oriental, constatons l'idée qu'on s'en fait, et ce qu'on peut attendre de la publication de documents nouveaux et encore inédits.

Les idées qu'éveillent en notre esprit les récits des poëtes et les descriptions des voyageurs, ce qu'on a appris de l'art mauresque en Espagne, les dessins et moulages de l'Alhambra, ces mille petits objets que recherche si avidement la curiosité contemporaine, voilà jusqu'à présent ce dont nous nous sommes contentés pour l'Orient moderne. En ce sens une connaissance plus vraie et plus étendue des pays musulmans ajouterait peu de chose à l'idée qu'on s'en fait et qui, étant complète en soi, suffit à l'imagination.

C'est qu'en effet ce genre de curiosité qui s'attache à la superficie des choses, au côté purement pittoresque, est peu exigeant, et il a suffi que le romantisme, en éveillant toutes sortes d'appétences poétiques et en éparpillant les imaginations, eût appelé l'attention sur l'Espagne, pour qu'on se prît aussitôt d'un goût fort vif pour les monuments mauresques que les Arabes y avaient élevés.

Les poëtes descriptifs se contentent de peu, et la poésie ainsi comprise ne tire pas à conséquence; mais pour l'art, il n'en va pas de même. On fut très-vite séduit par la nouveauté des formes et la décoration un peu bruyante de l'art mauresque. On y fit attention, et, de découvertes en découvertes l'intérêt s'éveillant, on se mit à recueillir par le dessin et le moulage de nombreux matériaux, en vue de fournir à nos arts décoratifs des motifs tirés de formes nouvelles. On peut reconnaître aujourd'hui ce que valait cette importation, car il en est resté ce fameux style oriental que l'on connaît.

S'il n'y avait à regretter que l'application maladroite et inconsidérée que l'on fit de ces nouveautés, le mal ne serait point très-grand, la décoration mauresque et les cafés turcs n'ont guère dépassé un certain monde, ni sollicité trop vivement l'admiration. Il en est de l'application des ornements mauresques comme de l'emploi des motifs égyptiens et assyriens, qui trop caractérisés se plient fort difficilement aux compositions modernes, et dont l'usage témoigne seulement du mauvais goût et de la pauvreté d'invention des dessinateurs.

Mais voici qui est plus grave : toute la partie occidentale du vaste empire musulman, c'est-à-dire l'Espagne avec ses annexes : le Maroc, l'Algérie, la Tunisie et la Sicile, nous a appris, à peu de choses près, tout ce que nous savons de la civilisation arabe. De l'attention portée aux monuments de ces différents pays et particulièrement à ceux de l'Espagne, il en est resté une impression toute matérielle, toute physique pour ainsi parler, dont il est fort difficile de se dégager. C'est d'après cette impression qu'on s'est fait une idée (telle quelle) de l'art arabe. Il arrive donc nécessairement que des matériaux analogues et provenant d'autres contrées de l'Orient sont tout d'abord appréciés en conformité avec cette même idée, sont vus, pour ainsi dire, au travers de l'Alhambra. C'est un inconvénient qui paraît inévitable, aussi conviendrons-nous qu'au premier aspect les planches de notre livre semblent cadrer avec l'idée défavorable que l'on s'est faite de l'art arabe. Il importe de se rendre compte d'un tel désavantage.

Les monuments de l'Orient dont nous publions aujourd'hui des détails, peu de personnes ont pu les contempler. Il est donc fort difficile d'en donner une idée complète. Le crayon et quelques explications minutieuses ne peuvent traduire qu'imparfaitement le sentiment vrai et large de ce que l'œil perçoit. Il est donc de toute nécessité que le lecteur s'efforce de voir au delà de l'image, et conçoive les choses comme elles sont dans la réalité, plutôt que dans la représentation. D'autre part, l'objet de notre livre étant de donner une exposition spéciale du système d'ornementation qu'on appelle les entrelacs, nous avons dû, pour le rendre abordable, nous résoudre à sacrifier les ensembles et rapprocher d'une manière artificielle les détails pour en dégager le fond essentiel. Dans la réalité, tous ces détails sont secondaires et, arrivant à leur place, prennent toute leur importance, tandis que si on les rapproche dans un but systématique, il faut bien s'attendre à ce qu'ils se nuisent mutuellement et perdent chacun une partie de leurs qualités.

Quoi qu'il en soit, si l'on prête quelque attention à l'ensemble, si l'on ne s'en tient point à un examen superficiel, si on observe et on compare avec toute l'attention qu'elles méritent les productions de l'art oriental, on sera forcé de reconnaître et de constater une différence considérable entre l'art mauresque de l'Espagne et l'art arabe de l'Égypte et de la Syrie qui fait l'objet de notre livre, et, l'induction aidant, on admettra aisément qu'il pourrait bien y avoir dans d'autres régions du vaste empire musulman d'autres aspects encore de cet art oriental; on nous accordera même que ce que nous savons jusqu'à présent de cet art se réduit à peu de chose et qu'il importe, au moins provisoirement, d'oublier un peu le style mauresque, dans lequel, parce qu'il est seul connu, on a vu l'art arabe tout entier.

Pour avoir une idée vraie de cet art, il faut le suivre et l'étudier partout où la conquête arabe s'est imposée, c'est-à-dire en tous les points de cette vaste région du monde qui s'étend depuis l'Inde jusque dans le midi de l'Europe, et qui comprend principalement une partie de l'Inde, la Perse, l'Asie occidentale avec la Turquie et l'Espagne avec ses annexes.

Dans l'état actuel de nos connaissances, on est loin de pouvoir préciser quelle est la part effective de la race arabe dans cet épanouissement des arts en Orient. La conquête arabe s'est imposée à tant de peuples et à des peuples de races si diverses, elle s'est implantée en tant de régions et en des régions si diverses et où avaient fleuri, bien avant l'islamisme, les colossales civilisations de l'Égypte, de l'Inde, de l'Assyrie, de la Perse et l'antiquité gréco-romaine, que l'on ne voit pas bien dès l'abord quelle part il faut faire à la conquête et quelle part revient aux contrées où elle s'est établie. Pourtant on peut remarquer, dès à présent, que les constructions monumentales élevées depuis l'islamisme sont en corrélation parfaite avec les constructions monumentales, restes des civilisations antérieures.

Tous ces conquérants arabes, qui, ralliés à la voix du Prophète, débordent sur le monde, et pendant huit siècles le remplissent de leur activité, n'étaient point des barbares; ils savaient quelque chose du monde qui les entourait et, conquérants et conquis, tous avaient, du moins en commun, cette trempe particulière d'esprit qui distingue si profondément les Asiatiques des Européens; tous avaient les mêmes mœurs ou des mœurs analogues. Aussi la conquête est-elle rapide, et en quelques siècles le vaste empire des Arabes s'étend depuis l'extrême Orient jusque dans le midi de l'Europe.

L'art arabe est essentiellement un art décoratif et tout de surface; mais là où des monuments bâtis avec de grands matériaux ont existé, la civilisation arabe a bâti ses mosquées et ses palais avec de grands matériaux. C'est ce qui est arrivé dans l'Inde, en Égypte et dans l'Asie occidentale. En Perse, au contraire, où des civilisations antérieures avaient eu une architecture de revêtement, l'architecture persane de l'Islam nous montre l'emploi de petits matériaux, par exemple, la brique, revêtue d'enduits ou de faïence. En Espagne et en Afrique, l'architecture mauresque est tout d'une pièce et n'a point, ce qu'il importe de bien remarquer, un fonds de construction que l'on puisse mettre en parallèle avec tel autre système de construction. L'architecture mauresque est une architecture de décoration, c'est ce qui en fait l'infériorité, et c'est pourquoi on ne peut juger de l'art de l'Orient par ce que l'on sait des contrées mauresques ou africaines.

D'après cela, on voit combien est considérable la part qu'il faut faire au *milieu*. Si l'on considère la pauvreté originelle des races sémitiques ou *sémitisées* pour tout ce qui relève de l'art, combien ces races sont loin du sentiment de la nature et leur inhabileté à l'interpréter, il faudra bien reconnaître que l'on se trouve en présence d'une civilisation singulièrement originale et qui ne ressemble à aucune autre.

Il importe donc, en abordant l'étude des arts dans la civilisation arabe, de faire abstraction de l'idée fort complète que nous avons de l'art, entendant sous ce terme l'expression de la beauté intellectuelle, soit poétique, soit plastique, soit musicale. Notre esthétique n'est nullement de mise en ces matières, et l'on se méprend si l'on croit pouvoir l'y appliquer. Il ne faut pas s'attendre non plus à retrouver dans l'histoire de l'art en Orient l'équivalent de cet enchaînement si rigoureux des différentes phases de l'art en Occident. L'Orient est le terroir natif de tous les arts comme de toutes les religions, et les communications incessantes entre tous les Asiatiques ont amené une telle diffusion des différentes formes de l'activité industrieuse de ces peuples, qu'il est fort difficile de démêler ce qui revient à chacun d'eux. On reconnaît dans toutes les productions de l'art en Orient des influences infiniment variées, et l'on peut dire que l'art oriental est un syncrétisme de tous les éléments byzantins, persans, indiens, mauresques, etc., qui se mêlent et s'enchevêtrent sous la civilisation arabe.

Mais il serait hors de propos de nous étendre davantage sur ces questions; laissant ces généralités, il nous faut aborder un point d'une grande importance dans l'art oriental et même d'une importance telle, que l'objet propre de ce livre est de le traiter aussi complétement qu'il est possible et de le mettre en pleine lumière et saillie.

Il s'agit des entrelacs, c'est-à-dire de cet élément décoratif dont l'idée première appartient peut-être aux Grecs du Bas-Empire, élément que les Orientaux ont repris, étendu et développé avec un art infini. Cette étude était fort importante : partout où s'est imposée la conquête arabe, dans l'Inde, dans l'Asie occidentale, en Égypte, en Afrique et en Espagne, on trouve cet élément décoratif et dans tous les édifices il tient une place si considérable et avec des caractères si particuliers, qu'il est permis, au moins provisoirement, d'en faire la caractéristique de l'art arabe.

En prenant le mot Art dans son acception abstraite, on peut considérer l'art arabe comme étant un système de décoration fondé tout entier sur l'ordre et la forme géométriques, et qui n'emprunte rien ou presque rien à l'observation de la nature; c'est-à-dire que cet art, fort complet en soi, est dépourvu de symbolisme naturel et de signification idéale. L'inspiration est abstraite et l'exécution dépourvue de plastique.

Cette définition est évidemment incomplète et trop absolue, pourtant elle exprime assez bien la vérité des choses; d'ailleurs, par son exagération même elle accuse d'autant mieux le point spécial que nous avons en vue, à savoir, l'importance de la donnée géométrique dans cet art décoratif.

Il est un autre élément, — les stalactites, — qui se rattache étroitement aussi à la géométrie et qui tient dans l'art monumental des Orientaux une place considérable. De cet élément plutôt archi-tectonique que décoratif, nous n'avons point traité dans ce livre, et cela pour plusieurs raisons. Nous avons dû nous plier aux conditions communes à toutes les publications de ce genre, c'est-à-dire que nous avons limité notre sujet pour rendre le livre plus abordable en choisissant parmi les matériaux que nous avons recueillis ceux qui nous ont paru les plus propres à fournir à nos arts industriels des éléments nouveaux. Pour être plus utile, nous avons donc dû nous résigner à rester incomplet. D'ailleurs, les stalactites se rattachent à l'architecture bien plus qu'à la décoration, et nous n'avons donné des motifs d'architecture que pour montrer quelle place y occupent les entrelacs.

D'un autre côté, la donnée géométrique pure est très-réduite dans les stalactites, elle y est, pour ainsi parler, invisible, puisqu'elle ne réside que dans le plan et la succession des strates. Assuré-ment, et lorsqu'on se place au point de vue abstrait de la science, les éléments des stalactites sont bien des formes géométriques, d'ailleurs tout à fait élémentaires et primitives, mais, au point de vue de l'art, ces formes sont arbitraires; elles sont subordonnées, comme tous les éléments architectoniques des édifices, au sens des hauteurs et, jusqu'à un certain point, à la fantaisie de l'artisan. Elles n'ont donc, en définitive, rien de rigoureusement nécessaire.

Pour les entrelacs, il n'en est point précisément ainsi. Si l'on recueille les motifs divers pour les rapprocher, les comparer et finalement en déduire le diagramme essentiel, on tombe sur un certain nombre de figures géométriques distinctes et irréductibles les unes dans les autres, qui elles-mêmes se résolvent en des éléments plus simples et plus généraux; on aboutit en définitive aux neuf polygones élémentaires que nous signalons plus loin. C'est-à-dire, et en procédant à l'inverse, que si l'on adopte pour point de départ d'un motif d'ornementation tel polygone déterminé, on obtiendra nécessairement et avant toute intervention de la fantaisie de l'artisan une figure géométriquement dérivée de ce polygone. Il y a donc dans les entrelacs une part nécessaire et une part arbitraire. Ce qu'il y a de nécessaire tient au caractère propre de chacune des figures géométriques élémentaires ou dérivées. Ce qu'il y a d'arbitraire tient d'une part à la fantaisie de l'artisan et à son habileté particulière, et d'autre part à ces influences plus générales qui font que l'art décoratif de chacune des régions de l'empire musulman porte un cachet particulier, une empreinte distincte; influences qui font, par exemple, que l'art décoratif de la Perse est différent de l'art mauresque, qui diffère de celui de l'Égypte. Cette part d'arbitraire comporte donc une extension indéfinie, et il peut fort bien arriver que nos arts industriels, s'emparant de cette donnée nouvelle, en tirent un grand parti et un parti nouveau.

Quoi qu'il en soit, nous croyons rendre quelque service en insistant particulièrement sur ce côté de l'art décoratif en Orient, et en signalant les principes élémentaires et fondamentaux. Rien n'est plus facile que de s'assimiler les quelques données géométriques fondamentales et essentielles, c'est l'affaire d'un peu d'application et le résultat final vaut bien ce léger effort. C'est qu'en effet il ne s'agit pas seulement d'apprendre un peu de géométrie pour pouvoir comprendre et traduire les différents motifs que nous donnons dans les planches. Ce résultat est sans doute fort important, mais il nous faut plus particulièrement insister sur l'utilité indirecte que l'on peut retirer d'une telle étude, et pour cela montrer quel rôle joue la géométrie dans les arts.

Dans tous les arts manuels il existe un certain nombre de données géométriques, mais ces données sont si élémentaires et si naturelles, qu'il faut les considérer comme purement instinctives et propres à tous les hommes. Ce sont des données irréductibles et dans lesquelles l'analyse ne pénètre pas. A l'aide pourtant de ces données d'intuition immédiate et lorsque les arts et métiers prennent une constitution propre et définitive, on s'élève jusqu'à une certaine connaissance de la géométrie, science obscure et à peine définie, mais qui doit aboutir plus tard, par le perfectionnement de l'industrie et l'intervention des géomètres, à ces méthodes perfectionnées réunies en un corps de doctrines qu'on appelle la géométrie descriptive. C'est là ce qu'on pourrait appeler la géométrie utile.

Mais il est une autre géométrie, celle-ci purement formelle, qui tient dans l'art une place aussi considérable que celle occupée dans l'industrie par la géométrie utile : c'est la géométrie qu'on pourrait appeler géométrie esthétique. Ici, nous demandons au lecteur de nous permettre une digression qui se lie au fond à notre sujet et peut aider à mieux saisir l'ensemble de nos vues.

L'évolution progressive des idées et des choses a amené dans notre monde occidental ou européen la séparation de plus en plus tranchée des différentes formes de l'activité humaine. Cette activité, qui dans son unité confuse se traduisait au dehors par les arts et métiers, l'architecture et les beaux-arts, est aujourd'hui gouvernée par la méthode, la logique, le calcul; en suite de quoi il s'opère dans la pratique un compromis entre ce qui relève directement de l'activité manuelle, toujours subsistante parce qu'elle est instinctive, et l'intervention de la raison qui, plus éclairée et obéissant à des principes supérieurs, tend à régenter cette activité en lui imposant le cadre dans lequel elle doit désormais s'exercer.

Le terme extrême de cette évolution est dans l'organisation actuelle de l'industrie, où une séparation tranchée s'est faite entre l'industrie proprement dite et l'art et la science qui sont devenus l'objet d'une culture spéciale et perfectionnée, et gouvernent l'activité manuelle.

Théoriquement on distingue, en effet, dans les arts et métiers des éléments de deux sortes : — 1° ce qui relève de l'*industrie,* c'est la mise en œuvre à l'aide d'outils et de manipulations des matériaux fournis par la nature et que l'activité humaine exploite et transforme pour les approprier à nos besoins; — 2° ce qui relève de l'art, à savoir la *forme* et la *décoration.* La *forme* résulte en partie des conditions particulières de chaque industrie, et d'autre part est voulue et poursuivie dans le but de satisfaire à l'esthétique innée de l'artisan. Quant à la *décoration,* elle est le tout dans certains arts, ou bien est surajoutée en vue de l'embellissement des productions de l'industrie et complète à sa manière la forme propre.

Dans l'architecture, qui est à la fois un art, une science ou une industrie, on démêle des éléments de trois sortes : — 1° ceux qui relèvent des arts et métiers sur lesquels s'appuie l'industrie de l'architecture; — 2° ceux qui relèvent de la science, c'est-à-dire de la connaissance méthodique, à savoir essentiellement la construction raisonnée et l'agencement général qui dépendent de la maîtrise de l'architecte; — 3° enfin ceux qui relèvent de l'art, c'est-à-dire, d'une part la *forme* et la *décoration*, d'autre part la sculpture et la peinture en tant qu'elles se rattachent à l'architecture. La *forme* résulte en partie des conditions propres de l'industrie et de la science de l'architecture, et d'autre part est voulue et poursuivie dans le but de satisfaire aux perfectionnements esthétiques que comporte cet art. La *décoration* complète la forme ou bien est surajoutée en vue de l'embellissement des édifices et pour satisfaire à un besoin naturel de luxe et de somptuosité.

L'architecture, en tant qu'elle est un art et envisagée par ses grands côtés, cadre avec la vie morale d'un peuple, d'abord par la nature et le caractère des édifices qu'elle approprie aux institutions et au culte, mais en étant aussi l'occasion de représentations figurées, symboliques ou talismaniques qui traduisent par la sculpture et la peinture les idées poétiques, morales ou intellectuelles de ce peuple.

L'idée des beaux-arts étant absolument étrangère à l'Orient moderne, il est inutile d'insister plus longuement sur ces remarques.

Cette analyse purement logique est singulièrement confirmée par les méthodes d'enseignement que l'esprit moderne a proposées et que l'industrie a déjà appliquées. N'est-il pas évident, en effet, que dans les arts mécaniques qui comprennent ce qui dans les arts et métiers aussi bien que dans l'architecture relève de l'industrie, le compromis que nous signalions plus haut s'établit entre l'industrie et la science par la géométrie descriptive, qui touche d'une part à la pratique manuelle et d'autre part à la science pure? Dans les arts industriels le compromis s'établit entre l'art et l'industrie par l'art du dessin, qui confine d'une part à la pratique manuelle et d'autre part s'élève jusqu'à la traduction des grandes inspirations fournies par les beaux-arts.

Ce qui relève de l'industrie dans les arts et métiers et l'architecture contient donc les applications de la géométrie utile exposée dans les traités de géométrie élémentaire et dans les traités de géométrie descriptive. Cette géométrie utile intervient aussi dans la partie purement technique de l'art du dessin.

Ce qui relève de l'art dans les arts et métiers et l'architecture, c'est-à-dire essentiellement la forme et la décoration, repose sur une tout autre géométrie, qu'on pourrait appeler la géométrie esthétique, dont tous les artisans ont sinon la science, du moins le sentiment.

Il ne faut pas entendre que l'art est subordonné à la géométrie, ce qui serait absurde, ou ce qui n'est vrai qu'en thèse métaphysique; mais il faut entendre que la géométrie esthétique, donnant la théorie des formes, comprend essentiellement tout ce qui dans l'art tient à l'*ordre* et à la *forme* envisagés dans leur pureté abstraite. C'est-à-dire encore que la géométrie esthétique, partant des données que l'analyse peut retrouver dans les productions de l'art comme dans celles de la nature, s'élève jusqu'à l'art proprement dit, en traduisant par des figures géométriques les conditions précises d'ordre, de proportion et d'harmonie qui constituent le type spécifique de la forme dans chacune des productions de l'art.

La géométrie esthétique ne peut faire l'objet d'une science ou d'une exposition didactique tant qu'on s'en tient à ces données tout à fait élémentaires et de pure intuition dont l'art fait usage. Mais ce sont ces données qui constituent essentiellement les figures géométriques définies, et la géométrie esthétique a pour objet la théorie de ces figures géométriques définies chacune par leur caractère générique.

Dans les arts en Orient depuis l'islamisme, c'est la géométrie esthétique qui a été le principal élément d'inspiration lorsqu'il s'agit des formes et de la décoration. Cette géométrie a suppléé, pour ainsi parler, le sentiment de la nature plastique qui manque aux races sémitiques ou sémitisées. L'étude des arts arabes est donc particulièrement intéressante en ce qu'elle nous montre l'application la plus considérable qui ait été jamais faite, peut-être, des formes géométriques à l'art monumental et aux arts décoratifs.

Dans la décoration les Orientaux ont employé particulièrement les différentes variétés des figures polygonales en les modifiant avec une habileté extrême pour les plier à tous les caprices de leur fantaisie. Ils en ont fait cette décoration des entrelacs qui ont été répandus et en profusion dans tous les édifices, qu'ils ont ciselés dans la pierre ou le bronze, taillés par assemblage dans leur menuiserie, creusés dans le plâtre pour les revêtements et les vitraux, peints sur faïence,... dont ils ont constitué enfin une décoration singulièrement originale.

C'est ce système de décoration que nous voulons faire connaître aujourd'hui.

Dans ce but nous avons disposé de la manière suivante les matières contenues dans ce livre. — Nous donnons immédiatement, et dans un chapitre distinct du corps de l'ouvrage, les principes fondamentaux et nécessaires du trait de l'art arabe. Ces notions de géométrie sont fort simples et il suffit de les énoncer pour qu'elles soient aussitôt comprises et facilement retenues. Néanmoins nous engageons vivement nos lecteurs à ne point s'en tenir à une simple lecture qui n'avancerait à rien; il est indispensable de suivre un à un tous les tracés et de les effectuer réellement, aussi bien ceux que nous avons donnés que ceux en nombre beaucoup plus considérable dont nous avons seulement indiqué les principes et le mode de génération.

Qu'on veuille bien nous passer cette recommandation, elle est de grande conséquence, car il importe avant tout de se rendre familières ces quelques notions de géométrie; rien ne sera plus facile ensuite que de les appliquer à la traduction, par leurs tracés correspondants, des différents motifs que nous donnons dans les planches de ce livre, ou qu'on trouverait dans d'autres ouvrages.

— Nous donnons ensuite le trait des entrelacs, c'est-à-dire que nous montrons dans quelques motifs, choisis entre les plus originaux, l'enchaînement des tracés successifs qui résultent de l'application des données théoriques.

L'application de ces données fondamentales constitue essentiellement ce que l'on doit entendre par le trait de l'art arabe. Or cette application est subordonnée entièrement à l'habileté pratique des artisans et ne suppose nullement une connaissance scientifique et raisonnée de la géométrie. On ne peut admettre, en effet, que les Orientaux, à l'époque où furent contruits les édifices dont nous donnons des détails, aient eu une théorie bien définie qui aurait présidé à l'invention de leurs combinaisons si variées. Les Arabes ont fait de la géométrie sans bien se rendre compte de ce que peut être la science de la géométrie, et lorsqu'ils inventaient les stalactites et les entrelacs, ce n'était point en déduction d'une théorie qu'ils ignoraient, mais bien, ce qui est le propre de l'art, en suite d'une perception simultanée de la forme pure et de l'œuvre à accomplir.

L'art ne pose point de problèmes et ne s'efforce pas, comme la science, de définir et d'énumérer, pour les classer ensuite, toutes les données fondamentales et irréductibles d'une question, sans en oublier aucune. L'art met en œuvre et crée pour le spectacle des yeux, et il est de peu d'importance que les éléments fondamentaux soient en plus ou moins grand nombre, tout dépend du parti que l'artisan saura tirer de ceux qu'il a en sa possession. C'est ainsi, par exemple, que les données géométriques des entrelacs mauresques se réduisent à deux formes principales : le carré et ses figures dérivées, l'hexagone et les figures qui en dérivent.

En exposant *à priori* les données géométriques qui suivent, nous avons fait de la science, car nous avons extrait de l'ornementation arabe toutes les données géométriques essentielles, nous les avons énumérées et classées ensuite dans l'ordre le plus simple, et sans en oublier aucune. De cette sorte nous avons rendu facile désormais l'étude des entrelacs, en même temps que nous avons fourni les éléments nécessaires pour l'invention de combinaisons nouvelles qui vaudront selon l'importance qu'on attachera à cette géométrie et le nombre de notions qu'on en aura retenues.

En dernier lieu, nous donnons dans la description et l'explication des planches toutes les particularités intéressantes, soit techniques, soit archéologiques, qui se rapportent à chacun des matériaux que nous publions; nous les avons classées dans l'ordre le plus naturel, c'est-à-dire par séries comprenant les éléments divers des édifices. S'il nous était donné de continuer et d'étendre cette publication, de nouvelles planches viendraient tout naturellement se ranger dans ces séries.

Le livre que nous présentons aujourd'hui au public donne, ce qui n'avait point encore été fait, la clef de l'ornementation géométrique de l'Orient; il constitue donc à l'heure qu'il est une excellente préparation pour qui voudrait, voyageur heureux, entreprendre une étude complète de l'art des Orientaux depuis l'islamisme. A un autre point de vue, plus immédiatement utile, il offre à nos arts décoratifs des éléments neufs et susceptibles d'interprétations abondantes. Il y a certainement là des matériaux précieux qui, repris par le génie des Européens, pourraient fournir une nouvelle et longue carrière. Nous nous estimerons heureux si notre livre est goûté dans ce sens, et s'il peut donner le désir de connaître plus au long les richesses que garde encore le vieux et mystérieux pays d'Orient.

LE

TRAIT DE L'ART ARABE

※※◆◇❊◇◆※※

PREMIÈRE PARTIE

LES PRINCIPES GÉOMÉTRIQUES

LE TRAIT ET LA GÉOMÉTRIE.

Les tracés, qui forment une partie essentielle de la technie des arts et qui, en dernière analyse, se ramènent à des questions de GÉOMÉTRIE, constituent l'art du trait ou simplement le TRAIT.

Les tracés ont dans les arts arabes une importance considérable et tout à fait caractéristique ; ils se rapportent à l'architecture ou à la construction proprement dite, et particulièrement aux stalactites et aux entrelacs, dont les formes dérivent immédiatement de la géométrie, et que les artisans arabes ont employés en profusion et avec une habileté remarquable, dans la structure et dans la décoration de leurs édifices.

Tous les tracés, dans les arts, reposent, physiquement, sur l'emploi de la règle et du compas, et, théoriquement, sur les deux éléments fondamentaux de la géométrie élémentaire, la *ligne droite* et la *circonférence*.

Les tracés empiriques qu'emploient les artisans et qu'ils inventent ou qu'ils imaginent en raison du développement de leur art, et par une synthèse pratique des éléments adéquats préexistants, sont implicitement reliés par les théories de la géométrie, c'est-à-dire que les données fondamentales qui constituent l'art du trait sont aussi les données fondamentales de la science de la géométrie.

Mais la science étant la connaissance logiquement organisée, et le perfectionnement de la science reposant sur l'enchaînement des propositions qui fait que le nombre des données initiales est réduit autant que possible, et que l'on en tire tout ce qui peut en être tiré par le raisonnement, il est arrivé que dans notre enseignement de la géométrie, sacrifiant à la perfection logique et à la rigueur du raisonnement, on s'est attaché principalement à réduire ces données fondamentales sous la forme de définitions, d'axiomes, de postulats....., et à démontrer tout ce qui paraît, à la rigueur, susceptible de démonstration.

Cette méthode logique et l'application du calcul à la mesure des lignes, des angles, des surfaces, des volumes....., c'est-à-dire le calcul des grandeurs, voilà ce qui constitue essentiellement la substance de tous nos livres.

Or, ce sont précisément ces données fondamentales, non plus réduites à la forme scientifique, non plus

1

considérées seulement comme des grandeurs, mais conçues et imaginées en toute simplicité et avec leurs caractères de forme et aussi de beauté ou d'élégance propres, qui importent à l'art, et que les artisans de tous les temps ont mises en œuvre avec plus ou moins de bonheur, sans attendre pour cela que la géométrie fût devenue une science parfaite et un modèle de raisonnements justes.

Ces données fondamentales ainsi envisagées constituent la pure GÉOMÉTRIE DES FORMES.

Nos traités de géométrie, rédigés en vue d'un enseignement spécial et sous une forme toute scolastique, ne nous donnent là-dessus à peu près aucun renseignement; il serait pourtant facile et de grande importance, sans rien sacrifier d'ailleurs de ce qui fait la force et le mérite de cet enseignement, d'insister quelque peu sur la description et la génération des formes géométriques simples ou dérivées, et de montrer pourquoi et comment il y a, à côté et antécédemment à la géométrie abstraite ou mathématique, une géométrie purement esthétique et extérieure dont les données, d'intuition immédiate, se retrouvent dans tous les arts, et sur lesquelles, en définitive, reposent la science et ses formules.

Anticipant ici sur un travail qui nous occupe depuis longtemps et destiné à combler cette lacune de notre enseignement, nous en donnons, à titre d'*Introduction à l'étude du Trait de l'Art arabe*, tout ce qui, de la géométrie des polygones, se rapporte à notre objet.

Ces notions fort simples et en petit nombre résument et les données géométriques et les procédés employés par les Orientaux pour le tracé des stalactites et des entrelacs.

En présentant ainsi *à priori* ces principes de géométrie et sous une forme un peu abstraite, nous avons en vue non-seulement leur application à l'art arabe et par suite aux matériaux que nous publions, mais nous pensons que, convenablement interprétés, ces principes pourront devenir le point de départ de compositions analogues ou même différentes, selon que l'on fera la part plus ou moins grande à l'imitation ou à l'invention.

LA GÉOMÉTRIE DES POLYGONES

I. — LES POLYGONES.

§ I. — LES POLYGONES EN GÉNÉRAL.

Les polygones sont des figures terminées par des droites qui forment deux à deux les angles du polygone.

Les côtés, les angles et les sommets sont en même nombre.

Une figure polygonale quelconque est : ou *irrégulière* (fig. 1), ou *symétrique* (fig. 2), ou *régulière*.

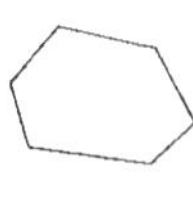

Fig. 1.

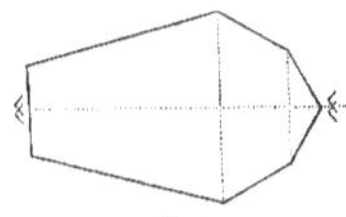

Fig. 2.

Une figure polygonale est symétrique lorsqu'il existe un ou plusieurs axes de symétrie partageant la figure en parties égales et superposables directement ou par inversion.

Une figure polygonale est régulière lorsque tous ses éléments sont égaux, c'est-à-dire que tous les côtés et que tous les angles sont égaux. Un polygone régulier est une figure symétrique, et a autant d'axes de symétrie que de sommets.

Le polygone le plus simple est le *triangle*, qui a trois côtés et trois angles. Le polygone de quatre côtés s'appelle *quadrilatère*, celui de cinq *pentagone*, celui de six *hexagone*, et ainsi de suite, en suivant la série des chiffres.

§ II. — LES TRIANGLES.

Le triangle est la figure élémentaire des surfaces, c'est-à-dire qu'un polygone quelconque peut toujours se subdiviser en triangles.

Un triangle quelconque est ou irrégulier, ou symétrique, ou régulier.

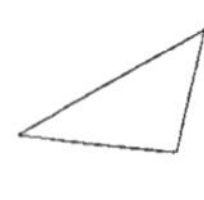
Fig. 3.

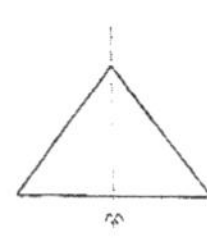
Fig. 4.

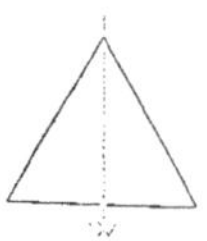
Fig. 5.

1° — Le triangle irrégulier, ou *triangle scalène* (fig. 3), a ses trois côtés et ses trois angles quelconques.

2° — Le triangle symétrique, ou *triangle isocèle* (fig. 4), a deux de ses côtés et deux de ses angles égaux.

3° — Le triangle régulier, ou *triangle équilatéral* (fig. 5), a ses trois côtés et ses trois angles égaux.

Si dans un triangle quelconque on mène une perpendiculaire d'un sommet au côté opposé, on partage le triangle en deux *triangles rectangles*.

Dans le triangle isocèle, la perpendiculaire menée du sommet à la base est l'axe de symétrie et partage la figure en deux triangles rectangles égaux et symétriques.

Dans le triangle équilatéral la perpendiculaire menée d'un sommet sur le côté opposé est un axe de symétrie, et partage la figure en deux triangles rectangles égaux et symétriques.

§ III. — LES QUADRILATÈRES.

Parmi les quadrilatères, on distingue :

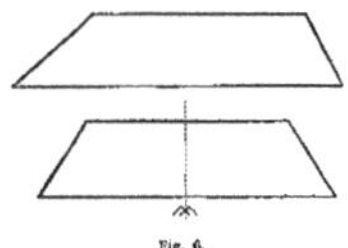
Fig. 6.

1° — Le *trapèze* (fig. 6), qui a deux côtés parallèles et qui est une figure symétrique seulement dans le cas où les deux autres côtés sont égaux (trapèze isocèle). La troisième forme du trapèze est le trapèze qui a un côté perpendiculaire aux deux côtés parallèles (trapèze rectangle).

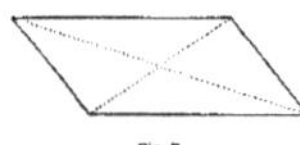
Fig. 7.

2° — Le *parallélogramme* (fig. 7), qui a les côtés parallèles et égaux deux à deux et les angles opposés égaux.

3° — Le *losange* (fig. 8), qui a les côtés égaux et parallèles et les angles opposés égaux.

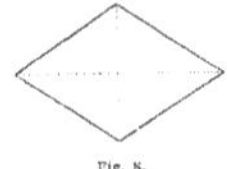

Fig. 8.

4° — Le *rectangle* (fig. 9), qui a les côtés parallèles et perpendiculaires, égaux deux à deux et les angles droits.

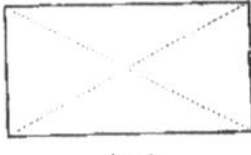

Fig. 9.

5° — Le *carré* (fig. 10), qui a les côtés égaux, parallèles et perpendiculaires, et les angles droits.

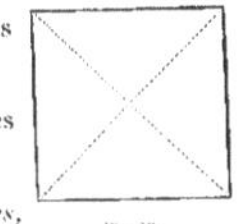

Fig. 10.

Le trapèze isocèle, le parallélogramme, le losange, le rectangle et le carré sont des figures symétriques. Le carré est une figure régulière.

Les lignes qui joignent les sommets opposés d'un quadrilatère, ou les *diagonales*, partagent la figure en quatre triangles.

Ces quatre triangles sont égaux deux à deux et les diagonales se coupent mutuellement en deux parties égales en déterminant le *centre*, dans le parallélogramme et le rectangle.

Ces quatre triangles sont égaux, et les diagonales se coupent en deux parties égales, en déterminant le centre dans le losange et le carré.

Les diagonales du losange et du carré sont des axes de symétrie.

Les diagonales du parallélogramme et du rectangle sont des axes de symétrie; mais, dans ce cas, ces axes partagent la figure en triangles égaux dans toutes leurs parties, mais non semblablement placés, puisque le rabattement de ces triangles l'un sur l'autre n'amène pas la coincidence de leurs parties.

C'est un cas particulier de symétrie, la *symétrie diagonale* ou *inverse*.

§ IV. — LES POLYGONES RÉGULIERS.

Le polygone régulier le plus simple est le triangle équilatéral ou *trigone*, ensuite viennent successivement et en suivant la série des chiffres, le carré ou *tétragone*, le *pentagone*, l'*hexagone*, l'*heptagone*, etc.

En suivant ainsi la série des chiffres, le nombre des polygones réguliers est illimité, et l'idée qu'on peut se faire d'un polygone de mille côtés est aussi claire et aussi définie que celle d'un polygone de cinq ou de huit côtés. Mais si l'on se représente facilement et distinctement un polygone de cinq, de six, de huit..... côtés, il est assurément impossible de se faire l'*image* d'un polygone de mille côtés. Il faut, pour y penser, l'emploi de signes artificiels. D'ailleurs, les polygones réguliers les plus simples, ceux aussi dont l'esprit garde une représentation nette et bien délimitée, ont des propriétés spéciales qui n'appartiennent plus aux polygones dont le nombre des côtés devient un peu considérable. La géométrie qui considère et combine des *images* (la géométrie des formes) est donc autre chose que la géométrie qui considère et combine des *idées* (la géométrie mathématique).

2

Les polygones réguliers vraiment élémentaires et fondamentaux du trait de l'Art arabe sont les polygones suivants :

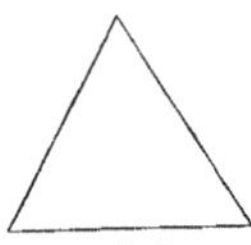

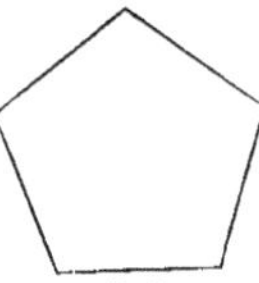

Fig. 11.   Fig. 12.   Fig. 13.

Le triangle équilatéral ou trigone (fig. 11). — Le carré (fig. 12). — Le pentagone (fig. 13).

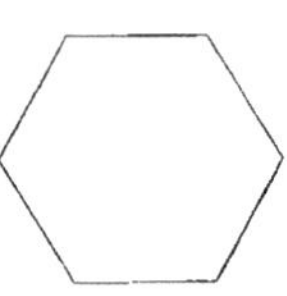
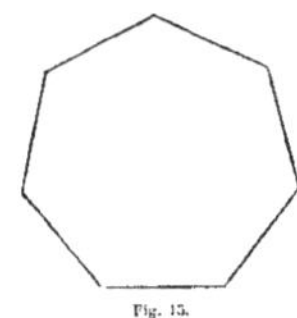
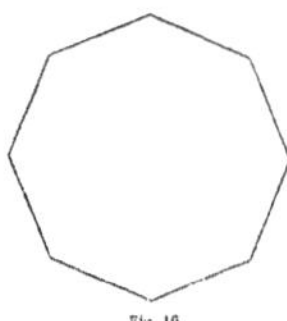

Fig. 14.   Fig. 15.   Fig. 16.

L'hexagone (fig. 14). — L'heptagone (fig. 15). — L'octogone (fig. 16).

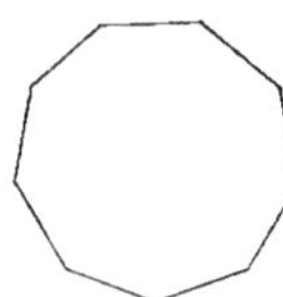
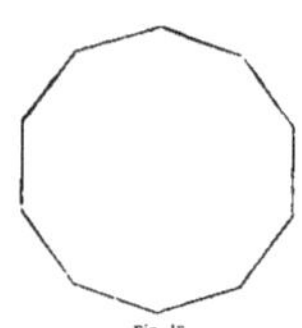
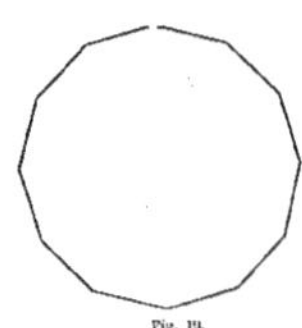

Fig. 17.   Fig. 18.   Fig. 19.

L'ennéagone (fig. 17). — Le décagone (fig. 18). — Le dodécagone (fig. 19).

Dans un polygone régulier quelconque, outre les *sommets*, les *côtés* et les *angles* qui déterminent l'image du polygone, il y a à considérer :

1° — Le *centre*, qui est le point intérieur également distant des côtés ou des sommets ;

2° — Les *rayons*, ou les lignes qui joignent le centre aux sommets ;

3° — Les *apothèmes*, ou les lignes de distance du centre aux côtés ;

4° — Les *diagonales*, ou les lignes qui joignent les sommets entre eux ;

La ligne qui, dans un polygone d'un nombre impair de côtés, passe par le centre et un sommet, et qui, prolongée, se confond avec l'apothème correspondant, est un axe de symétrie.

La ligne qui, dans un polygone d'un nombre pair de côtés, joint deux sommets et passe par le centre, est un axe de symétrie ; c'est aussi un *diamètre*.

5° — Le *triangle élémentaire* du polygone ou le triangle isocèle, qui a pour base le côté du polygone, pour sommet le centre et pour côtés les rayons.

La hauteur du triangle élémentaire est l'apothème du polygone, et partage ce triangle en deux triangles rectangles égaux et symétriques (triangle rectangle élémentaire du polygone).

Soit le triangle équilatéral ou trigone (fig. 20) ; on y distingue :

1° — Les trois *hauteurs*, qui partagent le trigone en six triangles rectangles égaux ;

2° — Les trois *rayons*, qui partagent le trigone en trois triangles isocèles égaux ;

3° — Les trois *apothèmes* ;

4° — Le *centre*.

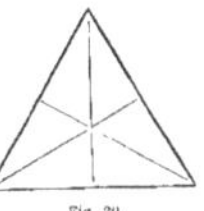
Fig. 20.

Pour le carré (fig. 21), on aurait :

1° — Les quatre *rayons*, qui forment les deux *diamètres* ou les deux *diagonales*, et qui partagent le carré en quatre triangles isocèles rectangles égaux ;

2° — Les quatre *apothèmes*, qui forment deux lignes perpendiculaires l'une à l'autre, égales et parallèles aux côtés du carré, et déterminent quatre carrés égaux ;

3° — Le *centre*.

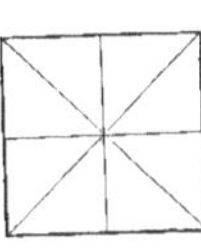
Fig. 21.

Et ainsi pour tous les polygones.

II. — LES POLYGONES RÉGULIERS ET LA CIRCONFÉRENCE.

Si l'on divise une circonférence en 3, 4, 5, 6, 7,..... parties égales, et qu'on joigne ces points de division un à un, on obtient successivement les polygones réguliers, savoir :

Par la division en 3, le trigone ;

Par la division en 4, le carré ;

Par la division en 5, le pentagone ;

. . . .

et ainsi de suite.

On obtient ainsi les polygones *inscrits* à la circonférence.

Si par chaque point de division de la circonférence, on mène une tangente, c'est-à-dire une ligne perpendiculaire au rayon correspondant à ce point, ces tangentes détermineront le polygone régulier *circonscrit* à la circonférence.

Les polygones réguliers et le cercle sont virtuellement inséparables et s'impliquent mutuellement. La subdivision de ces surfaces par des lignes rayonnant du centre est une propriété commune et au cercle et aux polygones réguliers.

Ce rayonnement des lignes passant par le centre et qui, menées suivant une loi régulière, divisent la figure en parties symétriques et superposables (gironnement), est une propriété de forme à ajouter à la symétrie parallèle et à la symétrie inverse, lesquelles d'ailleurs se retrouvent également dans le cercle et les polygones réguliers.

Le problème de la division de la circonférence en parties égales ou de l'inscription des polygones réguliers dans le cercle, considéré au point de vue mathématique, dépend de la trigonométrie et se rattache à la théorie des équations algébriques. A ce point de vue très-général et purement spéculatif, c'est un fort beau problème, mais dont nous n'avons nul souci à prendre, car, aussi bien pour le géomètre que pour l'artisan, la division effective de la circonférence est une opération purement graphique et rentre dans les conditions d'exactitude que comportent toutes les opérations manuelles.

Les procédés que nous donnons ici, la plupart empiriques, n'ont guère d'autre utilité que de conduire plus rapidement à un résultat qu'on obtiendrait également bien par tâtonnement.

III. — DIVISION DE LA CIRCONFÉRENCE ET CONSTRUCTION DES POLYGONES RÉGULIERS.

Construire les polygones de 3, 4, 5... côtés revient à diviser la circonférence en 3, 4, 5... parties égales et à joindre les points de division. On obtient ainsi les polygones inscrits.

Mais on peut aussi construire les polygones, indépendamment de la circonférence, sur une ligne donnée qui serait un des côtés du polygone demandé. On aurait ainsi autant de constructions particulières qu'il y a de formes de polygones. Pour abréger et aussi parce que dans la pratique la méthode la plus simple est celle que l'on emploie le plus volontiers, nous ferons rentrer les constructions particulières des polygones dans le problème général de la division de la circonférence.

§ I. — DIVISION DE LA CIRCONFÉRENCE.

1° — *Division de la circonférence en* 3, 4, 6, 8, 12, 16, 24... *parties égales* (fig. 22).

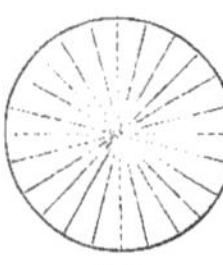

Le rayon étant égal à la sixième partie de la circonférence, on obtient immédiatement la division en 6 parties, et par suite la division en 3.

Deux diamètres croisés perpendiculairement partagent la circonférence en 4 parties égales. En divisant chacune de ces parties en 2 autres parties égales, on obtient la division de la circonférence en 8. En divisant successivement et par moitié chacune des divisions obtenues, on a successivement la division de la circonférence en 16, 32... parties égales.

La circonférence étant partagée en 4 parties égales, si l'on porte successivement de chacune de ces divisions 6 fois le rayon, on partage la circonférence en 12 parties.

La circonférence étant partagée en 8 parties égales, en portant successivement de chacune de ces divisions 6 fois le rayon, on divisera la circonférence en 24 parties égales.

2° — *Division de la circonférence en 9, 18... parties égales* (fig. 23).

La ligne perpendiculaire menée par le quart du rayon coupe la circonférence à la neuvième partie.

Ou bien : on mène deux diamètres CD, AB, croisés perpendiculairement ; de C, avec le rayon, on coupe la circonférence en E ; de l'autre extrémité D, avec le rayon DE, on décrit l'arc EF qui coupe le diamètre BA en F ; de F, avec la même ouverture de compas, on décrit l'arc CG. — GB est la corde de la neuvième partie de la circonférence.

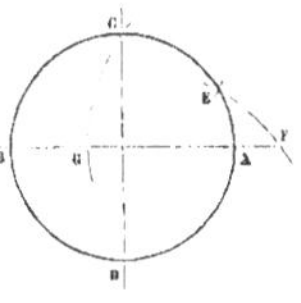

Fig. 23.

Après avoir porté les divisions à partir de B, si on les porte à partir de A, on divisera la circonférence en 18 parties égales.

3° — *Division de la circonférence en 5, 10, 20... parties égales* (fig. 24).

On mène les deux diamètres perpendiculaires AB, CD ; — de D, avec le rayon, on coupe la circonférence en E, et du point A on la coupe en F. — Du point E on décrit l'arc FG qui coupe le diamètre CD en H. La ligne HA est la corde de la cinquième partie de la circonférence.

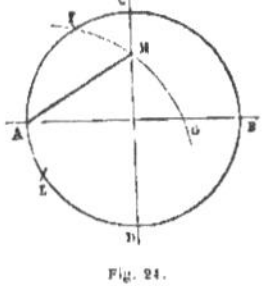

Fig. 24.

En portant successivement les divisions à partir de A et de B, on divise la circonférence en 10 parties égales. — En les portant successivement à partir de A, de D, de B, de C, la circonférence est divisée en 20 parties égales.

4° — *Division de la circonférence en 7, 14,.. parties égales* (fig. 25).

La moitié du côté du triangle équilatéral inscrit dans la circonférence est à très-peu de chose près (à un millième) la corde de la septième partie de la circonférence. — Cela est tout à fait suffisant pour la pratique, néanmoins voici un autre procédé.

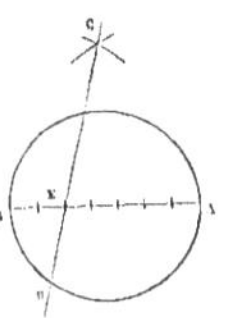

On divise le diamètre AB en 7 parties égales. Des points B et A, avec AB pour rayon, on décrit deux arcs qui se coupent en C. Menant du point C la ligne CD passant par la seconde division E, on a BD pour la septième partie de la circonférence.

Fig. 25.

Pour la division en 14 parties, on mènerait les divisions successivement à partir de B et à partir de A.

§ II. — CONSTRUCTION DES POLYGONES RÉGULIERS, LE COTÉ ÉTANT DONNÉ.

Soit (fig. 26) à construire un pentagone sur AB. L'angle du pentagone étant égal à $\frac{6}{5}$, on décrit de A, avec AB ou un rayon plus grand que AB, une circonférence que l'on divise en 20 parties égales ; joignant le point A à la sixième division, on aura l'angle du pentagone BAE. Prenant ensuite sur AE une distance AG = AB, on a deux côtés du pentagone par lesquels, élevant en leur milieu des perpendiculaires, on obtient le centre duquel on décrit une circonférence. Ce procédé est général.

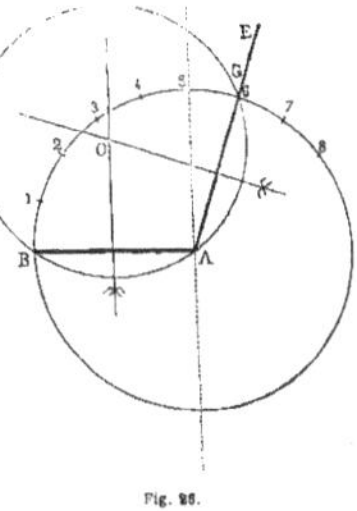

Fig. 26.

Pour la division en 7, on diviserait la circonférence en 28 parties égales et on joindrait le point A à la dixième division : l'angle de l'heptagone étant égal à $\frac{10}{7}$.

Et ainsi pour tous les polygones.

IV. — POLYGONES DÉRIVÉS.

Les polygones dérivés sont de deux ordres :

1° — Les polygones étoilés;

2° — Les polygones miréguliers.

§ 1. — LES POLYGONES ÉTOILÉS.

Si, dans un polygone régulier, on mène toutes les diagonales, ces diagonales déterminent par leurs intersections un ou plusieurs *polygones étoilés*.

Si on prolonge les côtés d'un polygone, on détermine par l'intersection de ces côtés les polygones étoilés correspondants.

Les polygones étoilés sont enfin obtenus par l'intersection des polygones réguliers.

$$1, 2, 3, 4 \ldots \ldots \text{ trigones entre-croisés.}$$
$$1, 2, 3, 4 \ldots \ldots \text{ carrés entre-croisés.}$$
$$1, 2, 3, 4 \ldots \ldots \text{ pentagones entre-croisés.}$$

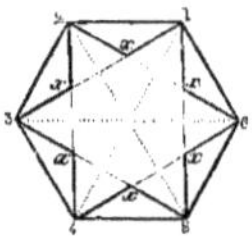

Soit, par exemple, un hexagone. — 1° On mène les diagonales 1-3, 1-5, 2-6, 2-4, etc.; les intersections de ces diagonales déterminent le polygone étoilé $1x\ 2x\ 3x\ 4x\ 5x\ 6x\ 1$, obtenu par réduction (fig. 27).

2° — On prolonge les côtés 1-2, 2-3, 3-4, 4-5, 5-6, 6-1; les intersections de ces côtés déterminent le polygone étoilé $1x\ 2x\ 3x\ 4x\ 5x\ 6x\ 1$, obtenu par extension (fig. 27 *bis*).

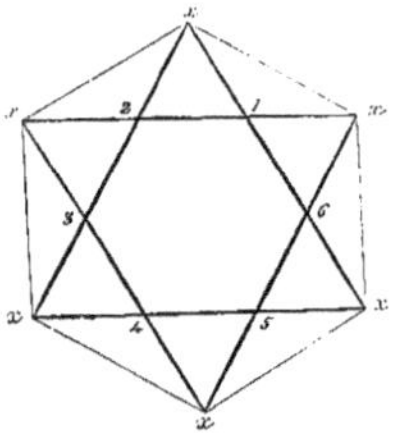

3° — Deux trigones entre-croisés déterminent le polygone étoilé de l'hexagone.

Si l'on joint les sommets du polygone étoilé obtenu par extension, on détermine un nouvel hexagone qui a pour diagonales les côtés prolongés de l'hexagone primitif.

Ces trois manières d'envisager les polygones étoilés rentrent l'une dans l'autre et s'appliquent à tous les polygones réguliers.

Puisque les diagonales augmentent régulièrement avec le nombre des côtés du polygone et que d'un sommet on peut mener autant de diagonales qu'il y a de côtés moins trois, chaque polygone détermine autant de polygones étoilés qu'il a de paires de diagonales menées d'un sommet.

On a donc, si le nombre des côtés du polygone est pair, autant de polygones étoilés que le nombre 2 est contenu de fois dans le nombre de côtés du polygone diminué de 4, une des diagonales passant, dans ce cas, par le centre. On obtient ainsi :

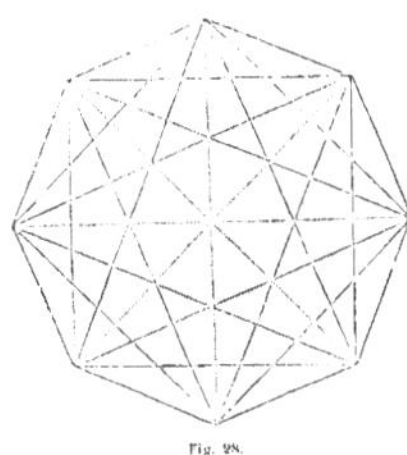

Fig. 28.

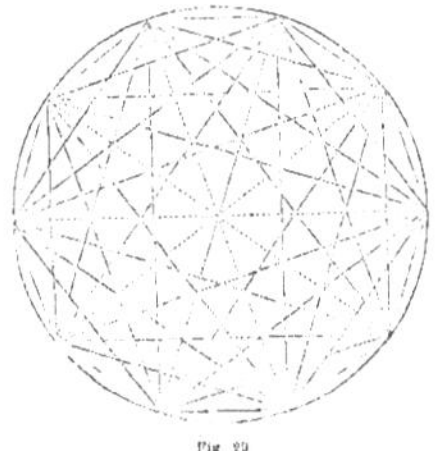

Fig. 29.

Pour l'hexagone (fig. 27), 1 polygone étoilé ;
Pour l'octogone (fig. 28), 2 polygones étoilés ;
Pour le décagone (fig. 29), 3 polygones étoilés,

. . . .

et ainsi de suite.

Si le polygone a un nombre impair de côtés, le nombre des polygones étoilés obtenus est égal au nombre que l'on obtient en divisant par 2 le nombre des côtés diminué de 3. On a ainsi :

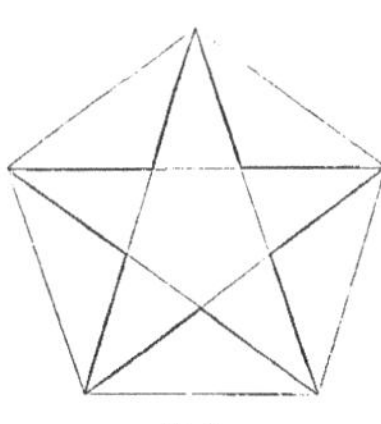

Fig. 30.

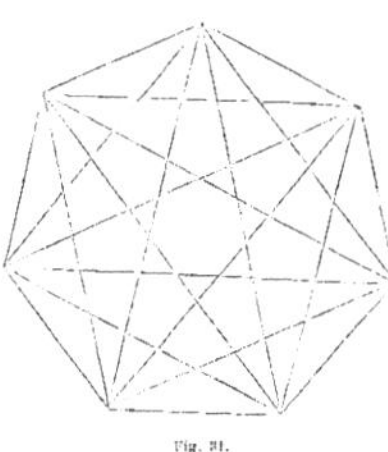

Fig. 31.

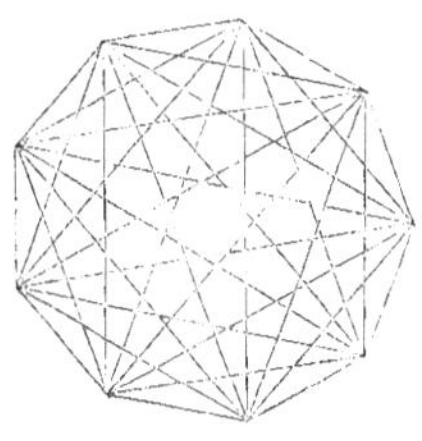

Fig. 32.

Pour le pentagone (fig. 30), 1 polygone étoilé ;
Pour l'heptagone (fig. 31), 2 polygones étoilés ;
Pour l'ennéagone (fig. 32), 3 polygones étoilés,

. . . .

et ainsi de suite.

§ II. — POLYGONES MIRÉGULIERS.

Si l'on divise le côté d'un polygone régulier en un nombre quelconque de parties égales et que l'on joigne chaque sommet à ces points de division, on obtient par l'intersection de ces lignes un ou plusieurs polygones miréguliers, polygones qui ont tous les côtés égaux et les angles égaux par moitié.

Les polygones miréguliers rentrent dans la loi des polygones étoilés.

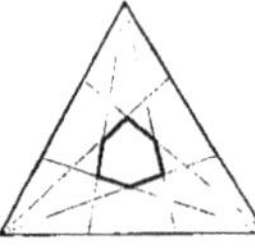

Fig. 33.

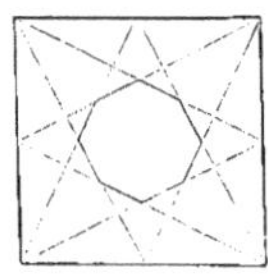

Fig. 34.

Soit un trigone dont on divise chaque côté en trois parties égales, par exemple; si l'on joint chacun des sommets à ces points de division, on obtient une étoile à trois pointes et un polygone mirégulier (fig. 33).

En joignant, dans un carré, les sommets au point milieu de chacun des côtés, on obtient deux étoiles et un polygone mirégulier (fig. 34).

V. — COMPOSITION ET DÉCOMPOSITION DES POLYGONES.

§ I. — SUBDIVISION DES SURFACES.

Fig. 35.

Triangles. — Si l'on partage les côtés d'un triangle en un même nombre de parties égales et que l'on joigne les points de division parallèlement aux côtés, on décompose le triangle en petits triangles semblables (fig. 35).

On couvre la figure d'un réseau semblable.

Quadrilatères — Parallélogrammes. — Losanges. — Rectangles. — Carré.

Si l'on partage les côtés d'un quadrilatère en un même nombre de parties égales, et qu'on joigne les points de division parallèlement aux côtés, on décompose le quadrilatère en petits quadrilatères semblables.

On couvre la figure d'un réseau semblable.

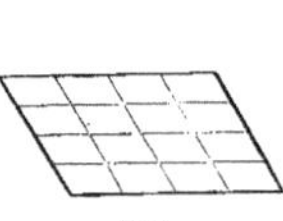

Fig. 36.

Fig. 37.

Fig. 38.

Fig. 39.

Parallélogrammes (fig. 36); losanges (fig. 37); rectangles (fig. 38); carré (fig. 39).

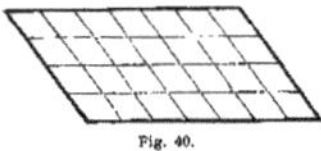

Fig. 40.

Lorsqu'un *parallélogramme* a ses côtés divisibles par une même longueur, il peut se subdiviser en petits losanges (fig. 40).

On couvre la figure d'un réseau losange.

Fig. 41.

Lorsqu'un *rectangle* a ses côtés divisibles par une même longueur, il peut se subdiviser en petits carrés (fig. 41).

On couvre la figure d'un réseau carré.

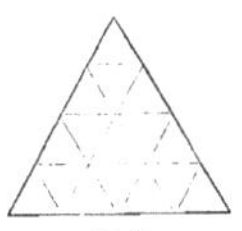

Fig. 42.

Fig. 39.

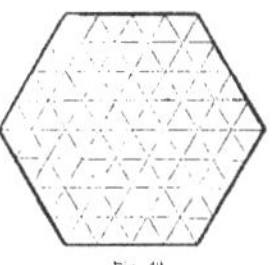

Fig. 43.

Polygones réguliers. — Trigone, carré, hexagone.

Le trigone (fig. 42) et le carré (fig. 39) sont les seuls polygones réguliers qui puissent se couvrir d'un réseau semblable.

L'hexagone peut se couvrir d'un réseau trigone (fig. 43).

§ II. — COMPOSITION DES SURFACES, OU POLYGONES ASSEMBLÉS.

1° Polygones d'une seule forme.

On peut assembler autour d'un point et par suite couvrir une surface illimitée avec des polygones; savoir :

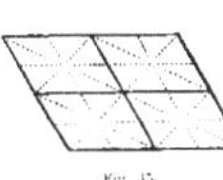

Fig. 44.

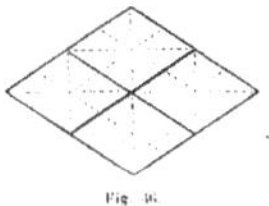

Fig. 45.

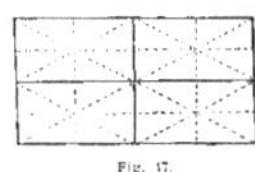

Fig. 47.

Triangles. — 6 triangles scalènes, isocèles ou équilatéraux.

Les centres de figure forment un réseau semblable (fig. 44).

Quadrilatères. — 4 parallélogrammes (fig. 45); — 4 losanges (fig. 46); — 4 rectangles (fig. 47).

Les centres de figure forment un réseau semblable.

POLYGONES RÉGULIERS.

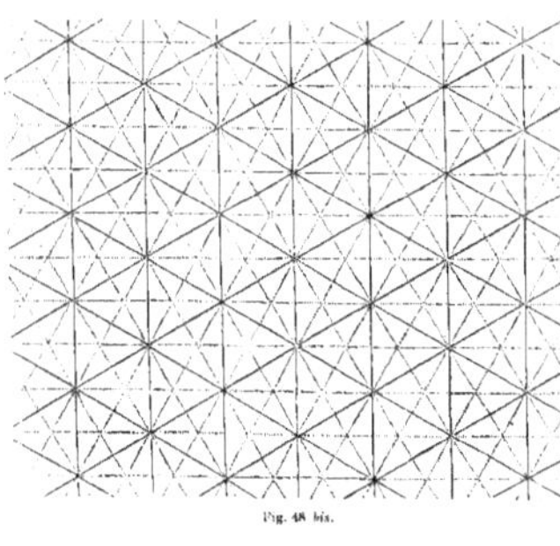

Fig. 48 bis.

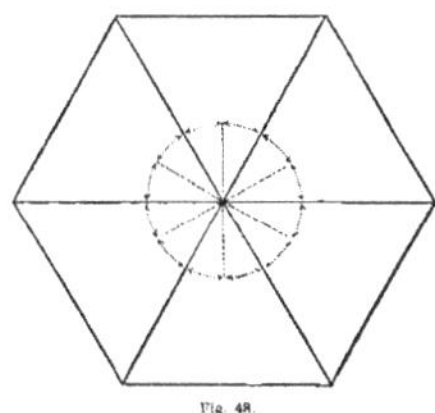

Fig. 48.

Trigone (fig. 48 et 48 *bis*). — L'angle du trigone étant égal à $\frac{2}{3}$ et 6 fois $\frac{2}{3}$ faisant 4 angles droits, on peut assembler 6 trigones.

4

Les centres de figure forment un réseau hexagonal.

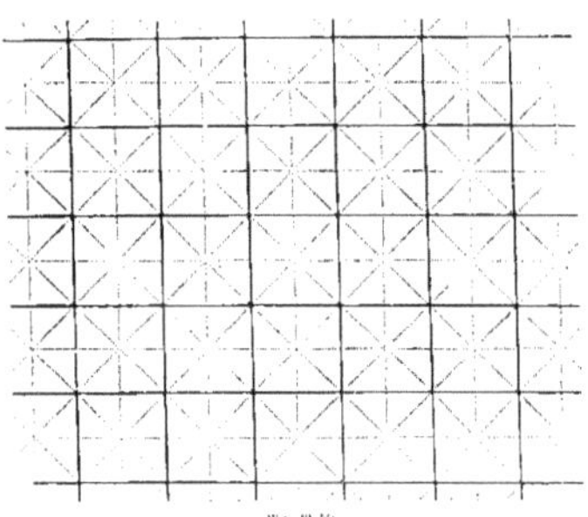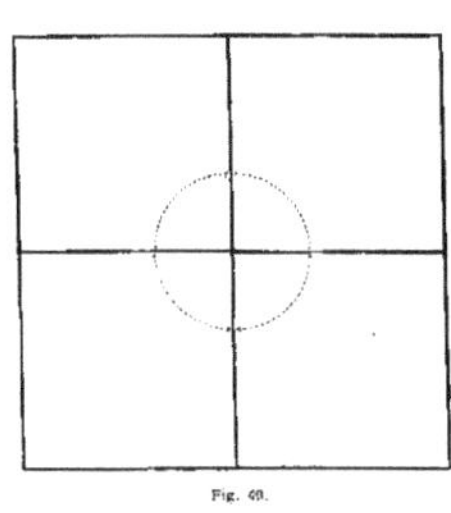

Fig. 49 bis.

Fig. 49.

Carré (fig. 49 et 49 *bis*). — On peut assembler 4 carrés. Les centres de figure déterminent un réseau quadrillé.

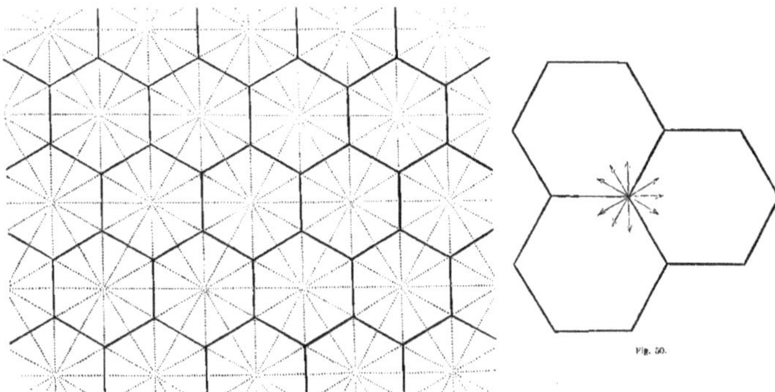

Fig. 50 bis.

Fig. 50.

Hexagone (fig. 50 et 50 *bis*). — L'angle de l'hexagone étant égal à ⅔ et 3 fois ⅔ faisant 4 angles droits, on peut assembler 3 hexagones.

Les centres de figure forment un réseau trigone.

2° Polygones de deux formes.

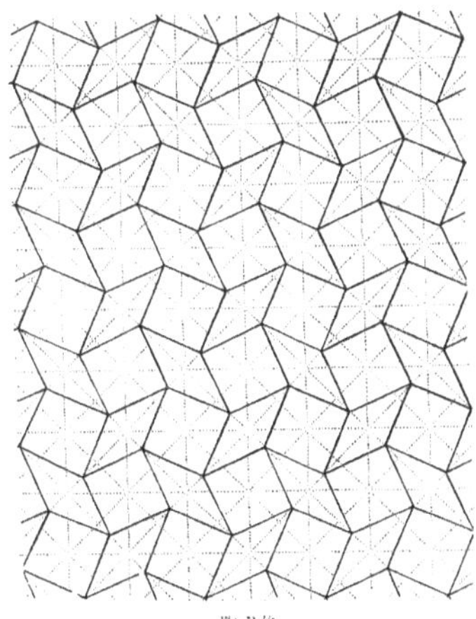

Fig. 51 bis.

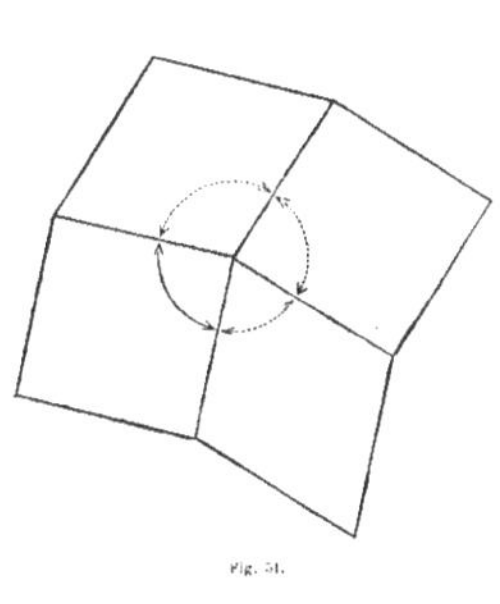

Fig. 51.

Losanges et carré (fig. 51 et 51 *bis*). — On peut assembler 2 losanges et 2 carrés, les angles du losange étant supplémentaires. — Les centres de figures déterminent un réseau quadrillé.

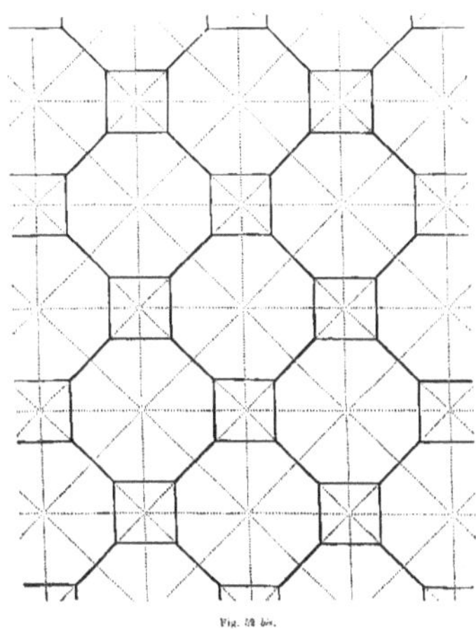

Fig. 52 bis.

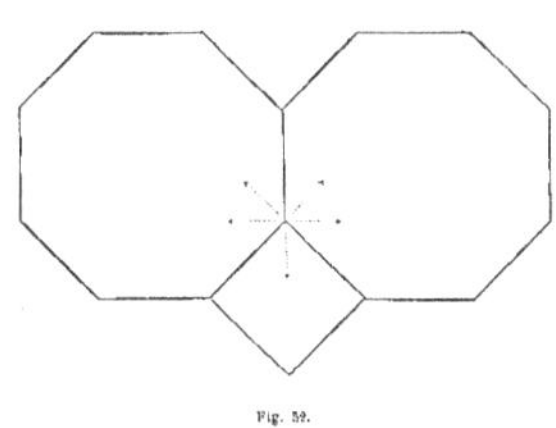

Fig. 52.

Octogone et carré (fig. 52 et 52 *bis*). — On peut assembler 2 octogones et un carré. L'angle de l'octogone étant égal à $\frac{3}{2}$, on a donc : $\frac{3}{2} + \frac{3}{2} + 1$ droit $= 4$ droits. — Les centres de figure déterminent un réseau quadrillé.

Fig. 53 bis.

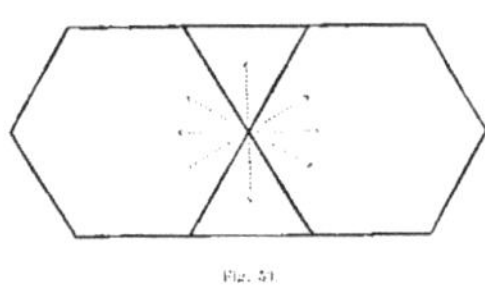

Fig. 53.

Hexagone et trigone (fig. 53 et 53 *bis*). — On peut assembler 2 hexagones et 2 trigones. L'angle de l'hexagone étant égal à $\frac{4}{3}$, celui du trigone à $\frac{2}{3}$, on a: $\frac{4}{3} + \frac{4}{3} + \frac{2}{3} + \frac{2}{3} = 4$ droits. — Les centres de figure déterminent un réseau trigone.

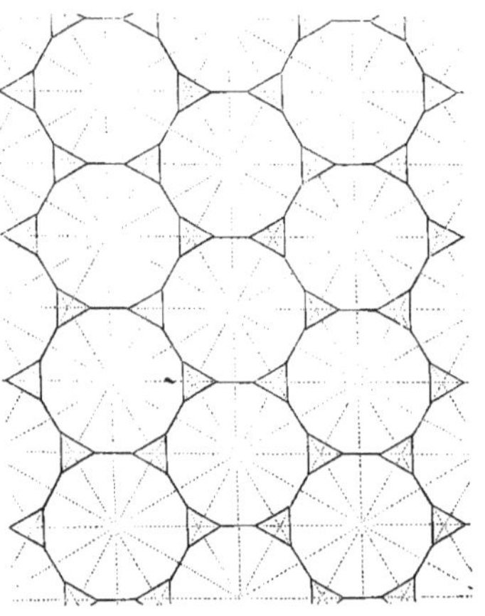

Fig. 54 bis.

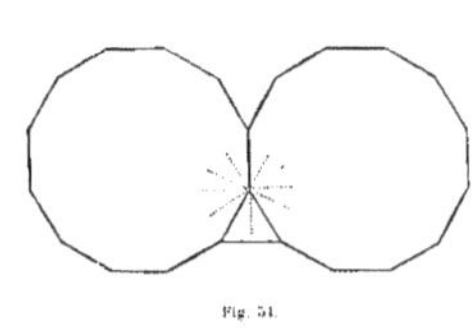

Fig. 54.

Dodécagone et trigone (fig. 54 et 54 *bis*). — On peut assembler 2 dodécagones et 1 trigone. L'angle du dodécagone étant égal à $\frac{5}{3}$ et celui du trigone à $\frac{2}{3}$, on a : $\frac{5}{3} + \frac{5}{3} + \frac{2}{3} = 4$ droits. — Les centres de figure déterminent un réseau trigone.

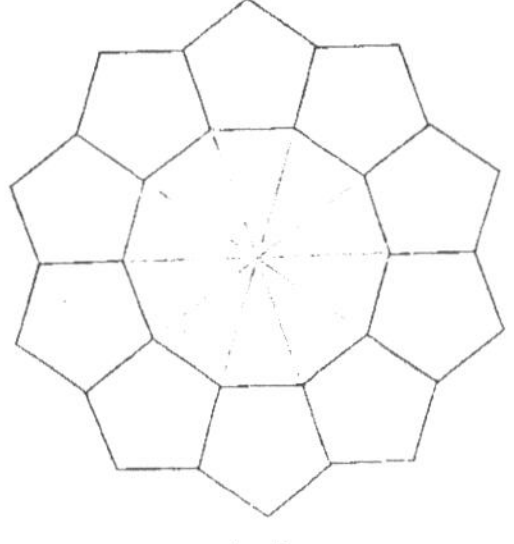

Fig. 55.

Cas particulier. — Décagone et pentagone (fig. 55).

On peut assembler 1 décagone et une couronne de 10 pentagones. L'angle du décagone étant égal à $\frac{4}{5}$, celui du pentagone à $\frac{3}{5}$, on a : $\frac{4}{5} + \frac{3}{5} + \frac{3}{5} = 4$ droits.

On ne peut, avec ces figures, couvrir une surface illimitée.

3° *Polygones de trois formes.*

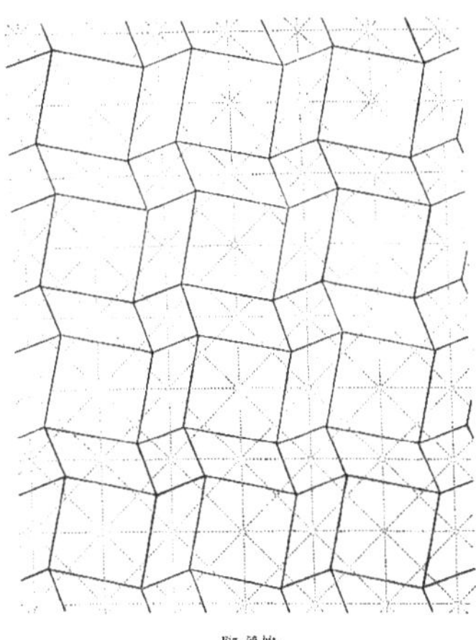

Fig. 56 bis.

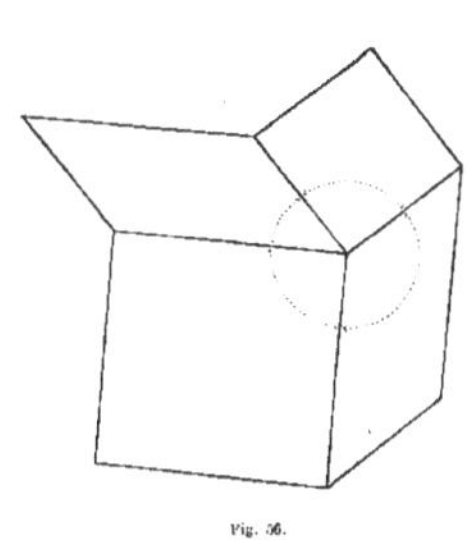

Fig. 56.

Parallélogrammes. — Grand carré. — Petit carré (fig. 56 et 56 *bis*). — On peut assembler 2 parallélogrammes, 1 grand carré et 1 petit carré. — Les angles du parallélogramme, étant supplémentaires, valent 2 droits ; en y ajoutant les angles droits du carré, on a 4 droits. — Les centres de figure déterminent un réseau quadrillé.

5

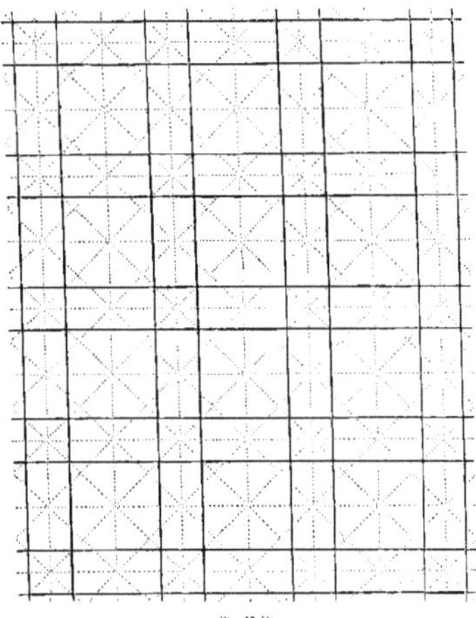

Fig. 57 bis.

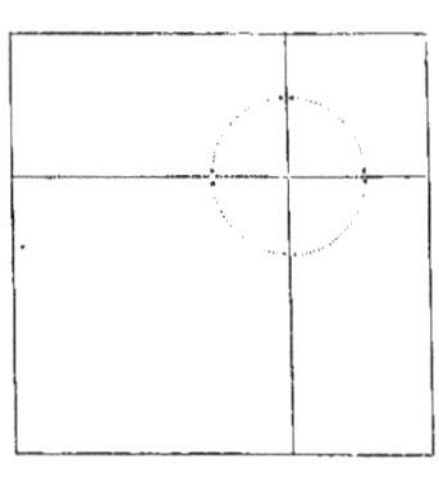

Fig. 57.

Rectangles. — Grand carré. — Petit carré (fig. 57 et 57 *bis*). — On peut assembler 2 rectangles, 1 grand carré, 1 petit carré ; cela fait 4 angles droits. — Les centres de figure déterminent un réseau quadrillé.

Fig. 58 bis.

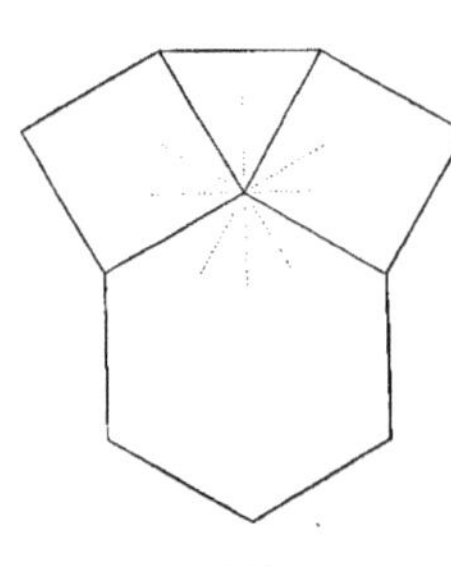

Fig. 58.

Hexagone. — Trigone. — Carré (fig. 58 et 58 *bis*). — On peut assembler 1 hexagone, 2 carrés et 1 trigone, car on a $\frac{4}{3} + \frac{2}{3} + 2 = 4$ droits.

Les carrés et les trigones, assemblés autour d'un hexagone, donnent pour figure totale un dodécagone.

Les centres de figure déterminent un réseau trigone.

Fig. 59 bis.

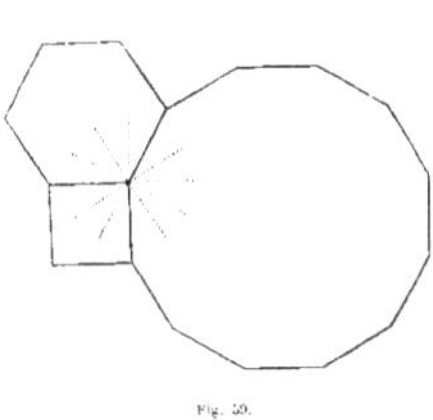

Fig. 59.

Dodécagone. — Hexagone. — Carré (fig. 59 et 59 *bis*). — On peut assembler 1 dodécagone, 1 hexagone et 1 carré, car on a $\frac{5}{3} + \frac{4}{3} + 1 = 4$ droits. Les centres de figure déterminent un réseau trigone.

VI. — RÉSUMÉ

En résumant les considérations précédentes et en les réduisant à ce qu'elles contiennent de véritablement fondamental, on obtient le tableau suivant .

I. — LES FIGURES GÉOMÉTRIQUES SIMPLES.

Triangles. — Les triangles scalènes. — Les triangles isocèles. — Le triangle équilatéral.

Quadrilatères. — Les parallélogrammes.　Les rectangles.
　　　　Les losanges.　　　　Le carré.

Polygones réguliers. — Trigone.　Carré.　Pentagone.　Heptagone..　..........
　　　　Hexagone.　Octogone.　Décagone..　..........　..........
　　　　Ennéagone.　........　..........　..........　..........
　　　　Dodécagone.　........　..........　..........　..........
　　　　..........　........　..........　..........　..........

II. — LES FIGURES GÉOMÉTRIQUES DÉRIVÉES.

La circonférence étant divisée en parties égales, si l'on joint les points de division successivement de 1 en 1, de 2 en 2, de 3 en 3, de 4 en 4... etc., on obtient trois sortes de figures dérivées.

1° — Les polygones étoilés continus.

2° — Les polygones étoilés formés par l'intersection de polygones réguliers entre-croisés.

3° — Les polygones étoilés formés par l'intersection de polygones étoilés continus entre-croisés.

De ces figures dérivées en dérivent d'autres plus simples, savoir :

1° — Des polygones miréguliers.

2° — Des polygones étoilés d'un nombre de pointes plus petit et sous-multiple du nombre de pointes du polygone étoilé générateur.

Enfin, des polygones réguliers dérivent des figures miréguliers, déterminées par les intersections des lignes menées des sommets aux points de division des côtés, savoir :

1° — Des polygones miréguliers.

2° — Des polygones étoilés miréguliers.

Nous allons examiner successivement quelques-unes de ces figures, afin d'indiquer la marche à suivre dans tous les cas.

Circonférence divisée en 3 parties. — On a seulement le trigone. Si l'on partage les côtés du trigone en un même nombre de parties égales, les lignes menées de chaque sommet à ces points de division déterminent un ou plusieurs polygones miréguliers de six côtés, et un ou plusieurs polygones étoilés miréguliers de trois pointes.

Circonférence divisée en 4 parties. — On a seulement le carré. Si l'on partage les côtés du carré en un même nombre de parties égales, les lignes menées de chaque sommet à ces points de division déterminent un ou plusieurs polygones miréguliers de huit côtés, et un ou plusieurs polygones étoilés miréguliers de quatre pointes.

Circonférence divisée en 5 parties. — Les diagonales menées de 1 en 1 division donnent le pentagone régulier. Les diagonales menées de 2 en 2 divisions donnent le pentagone étoilé continu.

Circonférence divisée en 6 parties. — De 1 en 1, l'hexagone régulier, — de 2 en 2, le polygone étoilé formé par deux trigones entre-croisés.

Circonférence divisée en 7 parties. — De 1 en 1 l'heptagone régulier, — de 2 en 2 un polygone étoilé continu, — de 3 en 3, un autre polygone étoilé continu.

Circonférence divisée en 8 parties. — De 1 en 1, l'octogone régulier, — de 2 en 2, deux carrés entre-croisés, — de 3 en 3, un polygone étoilé continu.

De l'octogone étoilé dérive une étoile de quatre pointes.

Circonférence divisée en 9 parties. — De 1 en 1, l'ennéagone régulier, — de 2 en 2, un polygone étoilé continu, — de 3 en 3, trois trigones entre-croisés, — de 4 en 4, un polygone étoilé continu.

Du premier polygone étoilé continu dérive un hexagone mirégulier.

Du second polygone étoilé continu dérive une étoile à trois pointes.

Circonférence divisée en 10 parties. — De 1 en 1, un décagone régulier, — de 2 en 2, deux pentagones entre-croisés, — de 3 en 3, un décagone étoilé continu, — de 4 en 4, deux pentagones étoilés entre-croisés.

Du décagone étoilé dérive une étoile de cinq pointes.

Circonférence divisée en 12 parties. — De 1 en 1, un dodécagone régulier, — de 2 en 2, deux hexagones entre-croisés, — de 3 en 3, trois carrés entre-croisés, — de 4 en 4, quatre trigones entre-croisés, — de 5 en 5, un dodécagone étoilé continu.

Des trois carrés entre-croisés dérivent une étoile de six pointes à angles saillants droits et un polygone mirégulier de six côtés.

Du dodécagone étoilé dérivent une étoile de six pointes à angles rentrants droits, une étoile de quatre pointes et une étoile de trois pointes.

Nous terminerons en indiquant, pour la division de la circonférence en 24 parties égales par exemple, le tableau général des opérations.

DIVISION DE LA CIRCONFÉRENCE EN 24 PARTIES.

En menant les diagonales, on a :

De 1 en 1, le polygone régulier de 24.

De 2 en 2, deux dodécagones entre-croisés.

De 3 en 3, trois octogones entre-croisés.

De 4 en 4, quatre hexagones entre-croisés.

De 5 en 5, un polygone étoilé continu.

De 6 en 6, six carrés entre-croisés.

De 7 en 7, un polygone étoilé continu.

De 8 en 8, huit trigones entre-croisés.

De 9 en 9, trois octogones étoilés entre-croisés.

De 10 en 10, deux dodécagones étoilés entre-croisés.

De 11 en 11, un polygone étoilé continu.

De toutes ces figures dérivent des étoiles de 12, 8, 6, 4, 3 pointes.

En ordonnant, par rapport aux nombres, les figures ainsi obtenues, il en résulte le classement suivant :

Diviseurs du nombre 24. — 24, 12, 8, 6, 4, 3, 2, 1. — Ces nombres indiquent les polygones réguliers inscrits dans une circonférence divisée en 24 parties, savoir : Le polygone régulier de 24, — le dodécagone, — l'octogone, — l'hexagone, — le carré, — le trigone. Le nombre 2 donne le diamètre et le nombre 1 le point de départ des divisions.

Nombre des figures dérivées. — Le nombre 24 étant pair, et le nombre des diagonales que l'on peut mener dans un polygone étant égal au nombre des côtés diminué de 4, on a 10 paires de diagonales, c'est-à-dire 10 figures dérivées.

Nombre des polygones étoilés continus. — Le nombre des polygones étoilés continus est égal au nombre des chiffres premiers avec 24, compris entre 1 et 12, c'est-à-dire entre 1 et la moitié de 24. Or, les nombres premiers avec 24 sont 5, 7, 11 ; il y a donc 3 polygones étoilés continus dérivés.

Nombre des polygones étoilés formés des polygones étoilés continus entre-croisés. — Lorsque dans la série des chiffres depuis 1 jusqu'à la moitié de 24, on a retranché les diviseurs de 24 et les nombres premiers avec 24, les chiffres restants 9 et 10 indiquent les polygones étoilés continus sous-multiples, savoir : l'octogone étoilé et le dodécagone étoilé.

Observations. — 1° Il est facile de remarquer que, parmi les polygones miréguliers, l'hexagone et l'octogone ont seuls une image bien nette ; que pour les polygones d'un nombre de côtés supérieur à huit, l'image devient trop indécise ; il est donc inutile de s'y arrêter.

2° — Les rapports des figures géométriques dérivées avec la série ordinaire des chiffres rentrent dans la science des mathématiques, et font partie de la théorie des nombres. Nous n'avons fait qu'effleurer ces rapports singuliers, qui sont en dehors de notre sujet ; nous avons tenu cependant à en dire un mot afin de

6

poursuivre jusqu'au bout le parallèle que nous avons établi entre la géométrie des formes et la géométrie mathématique.

3° — Si l'on joint par une ligne droite deux points successifs d'une circonférence partagée en parties égales, et que sur le milieu de cette ligne on élève une perpendiculaire, et que l'on joigne des points quelconques de cette perpendiculaire en dessus et en dessous de la corde, aux deux extrémités de cette corde on aura, parmi les figures polygonales ainsi engendrées, toutes les figures définies (polygones réguliers, polygones étoilés, polygones miréguliers, polygones d'un nombre de côtés double, etc.....) que nous avons examinées isolément.

III. — LES FIGURES GÉOMÉTRIQUES ASSEMBLÉES.

SUBDIVISION DES SURFACES. — COMPOSITION DES SURFACES.

Les figures géométriques qui peuvent se subdiviser en parties semblables, c'est-à-dire se couvrir d'un réseau semblable, sont les suivantes.

Les triangles. — Triangles isocèles. — Triangles scalènes. — Triangle équilatéral.

Les quadrilatères. — Les parallélogrammes. Les rectangles.
            Les losanges.   Le carré.

Les **parallélogrammes** dont les côtés sont proportionnels peuvent se couvrir d'un *réseau losange.*

Les **rectangles** dont les côtés sont proportionnels peuvent se couvrir d'un *réseau carré* ou quadrillé.

Les polygones réguliers. — Le *trigone.* — Le *carré.*

L'***hexagone régulier*** peut se couvrir d'un *réseau trigone.*

COMPOSITION DES SURFACES OU JUXTAPOSITION DES POLYGONES.

Polygones d'une seule forme. — Triangles. — Quadrilatères. — Trigone. — Carré. — Hexagone.

Polygones de deux formes. — Losanges et carré. — Octogone et carré. — Hexagone et trigone. — Dodécagone et trigone.

Un cas particulier : Dodécagone et pentagone.

Polygones de trois formes. — Parallélogrammes, grand Carré, petit Carré. — Rectangles, grand Carré, petit Carré. — Hexagone, Trigone, Carré. — Dodécagone, Hexagone, Carré.

IV. — LA LIGNE DROITE ET LE CERCLE.

La ligne droite et le cercle ont pour caractère commun l'uniformité de leurs cours, c'est-à-dire que si l'on subdivise en tel nombre de parties que l'on voudra et la ligne droite et le cercle, toutes ces parties se superposent les unes aux autres, sont des portions d'un tout uniforme.

De là, les idées communes de subdivision, de répétition, de succession, etc. ; pour la ligne droite dans une seule direction de l'espace (unité d'orientation, alignement, direction, etc.); pour la circonférence, circulairement, c'est-à-dire à une même distance d'un point intérieur, le centre.

— *Symétrie parallèle*. — *Symétrie inverse*. — En ligne droite et dans le cercle.

— Dans les figures géométriques assemblées, si l'on ne considère que les points, abstraction faite des polygones que ces points impliquent, on a tous les cas possibles de distribution régulière de points sur une surface illimitée, savoir :

1° — Suivant les réseaux triangulaires (scalènes, isocèles, équilatéral).

    — les réseaux quadrangulaires (parallélogrammes, losanges, rectangles, carré).

    — les réseaux réguliers (réseau trigone et réseau carré ou quadrillé).

2° — Suivant les polygones assemblés (réseaux polygonaux).

3° — Suivant les combinaisons diverses, des réseaux simples, des réseaux polygonaux et des figures dérivées.

— Si l'on considère ces points comme des centres desquels on décrit des circonférences, on a tous les cas possibles de distribution régulière des circonférences (tangentes ou se coupant) sur une surface illimitée.

— Puisque les circonférences impliquent les polygones réguliers inscrits, et que les polygones réguliers impliquent les figures dérivées correspondantes, on peut, à l'inverse de l'ordre que nous venons de suivre, en suivre un autre, qui s'adapte, dans ce cas, à la traduction en leur tracés correspondants des motifs divers que nous donnons dans les planches

Cet ordre est le suivant :

1° Les réseaux;

2° Les polygones assemblés;

3° Les polygones réguliers;

4° Les polygones dérivés.

Ici nous terminerons la partie purement théorique de notre livre. — Nous aurions pu, sans doute, donner plus de développement à toutes ces matières et insister peut-être davantage sur les points vraiment importants. Nous avons pensé que cela serait au moins inutile, et qu'il valait mieux présenter simplement les choses simples. Toutes ces notions de géométrie se voient plutôt qu'elles ne s'apprennent, et il n'est point de mots ni de subtilités logiques qui puissent suppléer à la pratique du compas et de la règle, traçant pour les yeux ce que les yeux seuls peuvent apercevoir.

A proprement parler, toutes ces notions ne sont point nouvelles; mais les progrès de la spéculation mathématique les ayant fait perdre de vue, il nous a paru qu'il y avait quelque utilité à les signaler de nouveau, et à montrer le parti qu'on en pouvait tirer pour l'étude et la pratique des arts. — D'ailleurs, ne pouvant renvoyer nos lecteurs aux livres de géométrie mathématique qui traitent de science pure, ni aux traités de dessin linéaire qui sont de pauvres livres, force nous a bien été de présenter tout d'abord les notions de géométrie nécessaires à la pratique du trait de l'art arabe. C'est ce qui nous fera pardonner, nous l'espérons du moins, de commencer par des notions sèches et arides un livre sur l'art si brillant et si facile des Orientaux.

DEUXIÈME PARTIE

LE TRAIT DES ENTRELACS

L'ornementation arabe comprend essentiellement :

1° — *L'ornementation dérivée de la géométrie.* — Théoriquement cette ornementation repose sur la géométrie des polygones, mais historiquement, elle est en filiation directe avec les entrelacs byzantins, qui sont plus indépendants de la géométrie pure.

2° — *L'ornementation fleurie.* — Cette ornementation est dérivée d'une ornementation antérieure ou imitée d'une ornementation contemporaine mais étrangère, plutôt qu'elle ne témoigne d'une interprétation directe des objets naturels.

3° — *L'ornementation par les écritures.* — L'écriture des Orientaux, indépendamment du sens littéral et indépendamment aussi de la forme des lettres, se prête à des interprétations talismaniques. Originairement c'est à cause de ce sens purement mystique que les écritures ont été employées dans la décoration monumentale. Ce n'est que postérieurement et pour satisfaire au sentiment si vif de l'ornementation que possèdent les Orientaux, que les caractères de ces écritures ont été modifiés et assouplis, pour les relier à l'ornementation pure.

Ces trois variétés sont souvent entremêlées et confondues. Nous ne nous occuperons ici que de l'ornementation géométrique.

Il est deux variétés principales de cette ornementation : les mosaïques et les entrelacs. Les mosaïques résultent essentiellement de la juxtaposition régulière de formes polygonales. Les entrelacs, comme le nom l'indique, sont produits par l'entre-croisement régulier de lignes tracées suivant les lois de la géométrie. Ces deux ornementations, qui ont en tant qu'éléments réels de l'art décoratif leur caractère propre et distinct, reposent sur les mêmes principes géométriques, et le trait des mosaïques se confond avec le trait des entrelacs.

Nous allons donner quelques exemples des entrelacs principaux et typiques. Ces exemples devront suffire à nos lecteurs pour se familiariser avec cette ornementation, et pour leur permettre d'analyser, sans trop de peine, tous les exemples analogues. Dans la description des planches, nous rappellerons d'ailleurs, au droit de chaque exemple, les données géométriques qui s'y rapportent et qui sont toutes énumérées et pour tous les cas dans les principes.

1ᵉʳ *Exemple.* — Réseau du pentagone. — Des sommets du triangle élémentaire décrire, suivant les côtés de ce triangle, des circonférences tangentes. — Diviser les circonférences en 10 parties égales. — Ces divisions déterminent dans chaque circonférence un décagone dont on prolonge les côtés indéfiniment. — Ces côtés coupent les rayons des circonférences en un point; par ce point et les centres on décrit une circonférence, dans laquelle on mène les diagonales de 4 en 4 divisions; ces diagonales prolongées déterminent les mailles de la rosace.

Nᵒ I

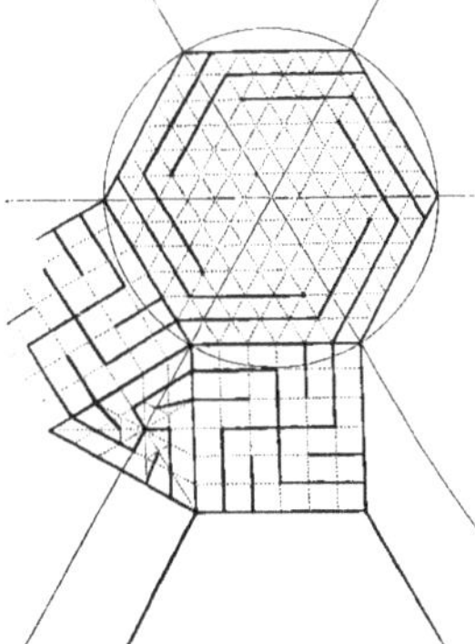

Nᵒ II

2ᵉ *Exemple.* — Groupe de l'hexagone, du carré et du trigone assemblés. — Réseau trigone.

On subdivise chacune de ces figures par le réseau correspondant, les côtés de ces figures étant divisés en 6 parties égales.

Dans l'hexagone on obtient, par rapport au centre, une succession en spirale des lignes qui correspondent aux lignes obtenues du carré; ces dernières correspondent aux lignes obtenues du trigone.

3ᵉ *Exemple.* — Groupe du dodécagone, de l'hexagone et du carré assemblés. — Réseau trigone.

Des sommets du dodécagone on décrit des circonférences tangentes avec un rayon égal à la moitié du côté. — On décrit ces mêmes circonférences des centres du carré et de l'hexagone. — Du centre du dodécagone une circonférence tangente aux premières.

On inscrit dans le carré un octogone dont les côtés, prolongés, rencontrent les lignes de l'hexagone et déterminent les rosaces; ces côtés prolongés déterminent aussi, dans le dodécagone, la rosace qui en dérive.

Si l'on adoptait, pour le dodécagone et l'hexagone, telle rosace déterminée indépendamment du carré, on obtiendrait le plus souvent, dans ce carré, un octogone mirégulier.

Nᵒ III.

7

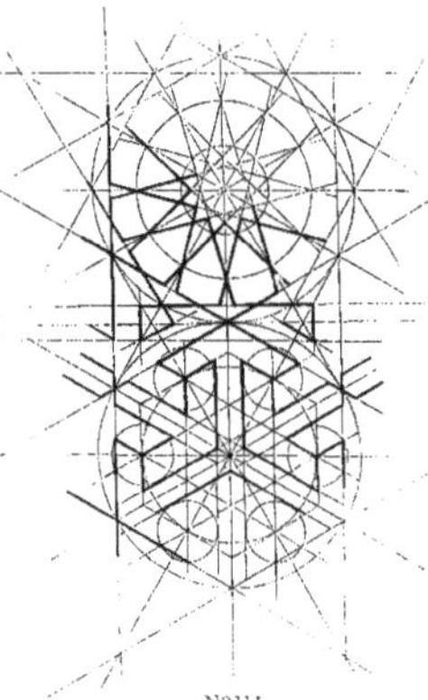

N° IV

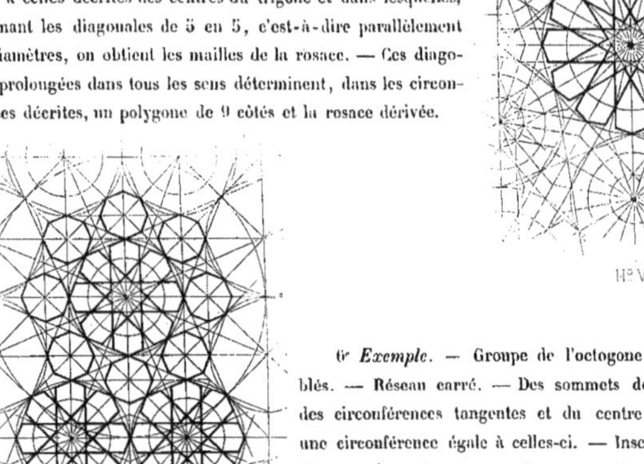

N° V

4.° *Exemple*. — Groupe de l'hexagone et du trigone assemblés. — Réseau trigone. — Des sommets du réseau décrire des circonférences inscrivant les hexagones. — On subdivise ces circonférences en 12 parties égales. — Le rayon de ces circonférences étant subdivisé en 3 parties égales, on décrit une circonférence avec les 2/3 du premier rayon. Dans cette circonférence on mène les diagonales de 5 en 5 divisions. — On obtient ainsi la rosace. Les côtés des deux hexagones entrecroisés déterminent, par leur prolongement et au centre du trigone, un petit triangle équilatéral. — Dans la deuxième circonférence, — la circonférence menée aux 2/3 du rayon détermine, sur les axes, des centres, — de ces centres on mène des lignes directement parallèles aux côtés du trigone.

5.° *Exemple*. — Réseau trigone. — Des sommets du trigone décrire des circonférences avec le tiers du côté pour rayon. — Du centre des trigones, des circonférences tangentes aux premières. — Des sommets du trigone décrire des circonférences égales à celles décrites des centres du trigone et dans lesquelles, en menant les diagonales de 5 en 5, c'est-à-dire parallèlement aux diamètres, on obtient les mailles de la rosace. — Ces diagonales prolongées dans tous les sens déterminent, dans les circonférences décrites, un polygone de 9 côtés et la rosace dérivée.

6.° *Exemple*. — Groupe de l'octogone et du carré assemblés. — Réseau carré. — Des sommets des octogones décrire des circonférences tangentes et du centre de l'octogne décrire une circonférence égale à celles-ci. — Inscrire dans les circonférences des octogones. — Dans ces octogones, en menant les diagonales de 3 en 3 divisions, c'est-à-dire parallèlement aux diamètres, on obtient le polygone étoilé qui détermine les mailles de la rosace.

N° VI

7ᵉ Exemple. — Réseau de l'heptagone. — Décrire des circonférences tangentes que l'on divise en **28** parties égales par des rayons partant du centre de ces circonférences et dans lesquelles on mène les diagonales de 6 en 6 divisions. De ces mêmes centres et avec la moitié de la distance perpendiculaire de ces centres, décrire des circonférences dans lesquelles on mène les diagonales de 6 en 6 divisions, — ou plus simplement on partage le rayon en 2 parties égales; on décrit une circonférence, passant par le point de division, et l'on mène les diagonales en joignant alternativement et dans un ordre régulier les points de division de la première circonférence à la seconde.

Dans l'heptagone et les figures qui en dérivent, la symétrie n'est pas aussi complète que dans les autres polygones, aussi les entrelacs que l'on en tire ont-ils moins d'élégance et de simplicité. Il faut plus d'efforts et de recherche pour obtenir de ce polygone des combinaisons suffisamment correctes. Au point de vue de la difficulté vaincue les deux exemples que nous donnons sont précieux et ont bien leur importance philosophique.

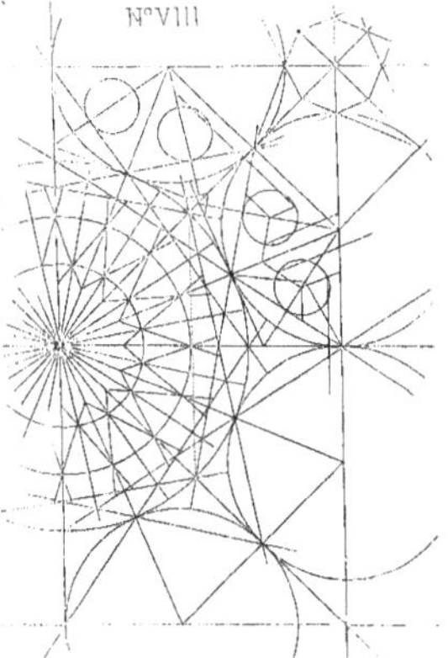

8ᵉ Exemple. — Groupe de l'octogone et du carré assemblés. — Réseau carré. — Des sommets de l'octogone décrire des circonférences tangentes. — Du centre de l'octogone décrire une circonférence tangente aux premières et dans laquelle on mène les diagonales de 3 en 3 divisions. — ou bien une circonférence inscrite à l'octogone et dans laquelle on mène les diagonales de 5 en 5 divisions. — On mène dans la deuxième circonférence le côté du carré inscrit qui détermine, avec le diamètre qui lui est perpendiculaire, l'extrémité du rayon avec lequel on décrit une nouvelle circonférence, — puis on décrit une troisième circonférence avec un rayon égal à la moitié du carré assemblé. — On mène finalement les lignes des mailles avec la rosace.

Les mailles de la rosace auraient une proportion sensiblement différente, si l'on adoptait pour les circonférences concentriques à l'octogone des rayons différents.

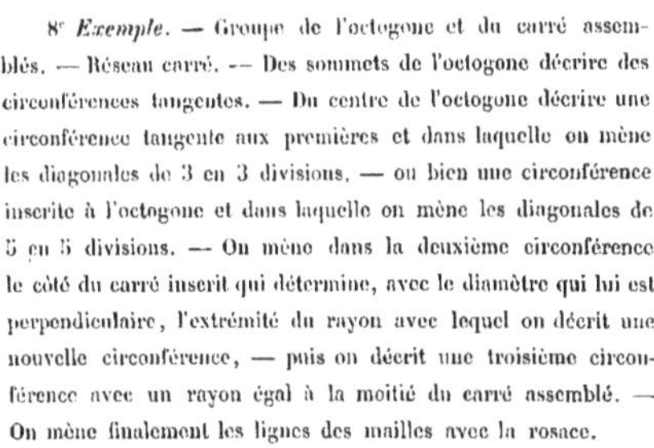

Tous ces tracés sont fort simples, mais la description en est singulièrement abstruse, si l'on tient aux mots; aussi n'avons-nous point cherché à étendre cette description pour la rendre complète, il n'en faut retenir que ces éléments très-simples du trait : — 1° le réseau; — 2° le groupe de une ou plusieurs espèces de polygones élémentaires; — 3° les circonférences tangentes; — 4° les différentes figures dérivées ou les polygones étoilés qui déterminent les mailles de la rosace.

Les entrelacs couvrent les surfaces par la répétition indéfinie et dans tous les sens d'un élément simple qui est proprement le *motif*. Le motif se succède dans un seul sens ou une seule dimension par la répétition suivant une ligne droite ou courbe, ou dans les deux dimensions, c'est-à-dire en surface, par la juxtaposition d'un nombre indéfini de ces motifs. Dans le premier cas on a des bandes, dans le second cas on a ce que l'on appelle des tapisseries, dont l'élément le plus simple est un panneau rectangulaire.

Ces panneaux ont des proportions variables, selon que le motif dérive de tel ou tel polygone élémentaire générateur. Puisque finalement toutes les figures polygonales régulières ont un triangle élémentaire trigone ou isocèle, et qu'il y a autant de variétés de triangles isocèles qu'il y a d'espèces de polygones, on aura autant d'espèces de rectangles à proportions différentes qu'il y a de triangles isocèles différents, ou réciproquement. On a donc en résumé le panneau carré ou composé de carrés, — les panneaux rectangulaires du trigone, du pentagone, de l'heptagone... Ces panneaux sont les principaux et l'on peut dire les seuls possibles, car si rien n'empêche à la rigueur de chercher des combinaisons plus compliquées en employant d'autres polygones, il faut qu'on soit bien averti que, ce faisant, on sortira des conditions sévères de l'art, qui exige avant tout la mesure : l'art n'admet point de complication extrême, ni ne reconnaît la difficulté vaincue. Même avec ces conditions restrictives, les variétés de rectangles et de panneaux qui dérivent du motif choisi peuvent être en nombre considérable, ce dont on peut s'assurer en découpant, suivant les points fixes des réseaux, autant de rectangles que l'on veut. Mais c'est alors qu'intervient encore ce principe suprême de la symétrie et de la régularité qui, au nom de l'art, préside au choix que l'on veut faire de tels ou tels rectangles entre tous les rectangles, en nombre indéfini, qui sont fournis par la géométrie pure.

En résumé, il ne faut retenir de ces considérations que l'idée très-simple du rectangle, déterminé dans ses proportions par le motif choisi. C'est ainsi que dans les portes, par exemple, la proportion de la baie peut être donnée indépendamment de la proportion du panneau d'entrelacs qui doit couvrir la porte. Les proportions du rectangle de la baie sont déterminées par des raisons architectoniques, tandis que les proportions du panneau seront déterminées par le motif d'entrelacs que l'on aura choisi. Il y a donc lieu, en exécution, à des raccords. — Plus de développements seraient ici inutiles. — Nous reprendrons ces observations dans la description des planches, où elles seront à leur véritable place.

Il nous a paru inutile de donner des exemples du tracé des entrelacs curvilignes, ces tracés, d'ailleurs très-faciles, ne sont point assez rigoureusement géométriques, tous sont à peu près arbitraires. Ces entrelacs, dont nous avons donné quelques exemples dans les *Claires-voies* et les *détails divers*, appartiennent à la période de transition qui prépare la grande époque de l'art arabe : on doit les attribuer aux Grecs du Bas-Empire plutôt qu'aux artisans arabes.

ENTRÉE DE LA FONTAINE KAID-BEY
AU CAIRE

PRÈS DU HARAM ECH-CHIERIF
A JÉRUSALEM

ENTRÉE D'UNE MOSQUÉE

A ALEXANDRIE.

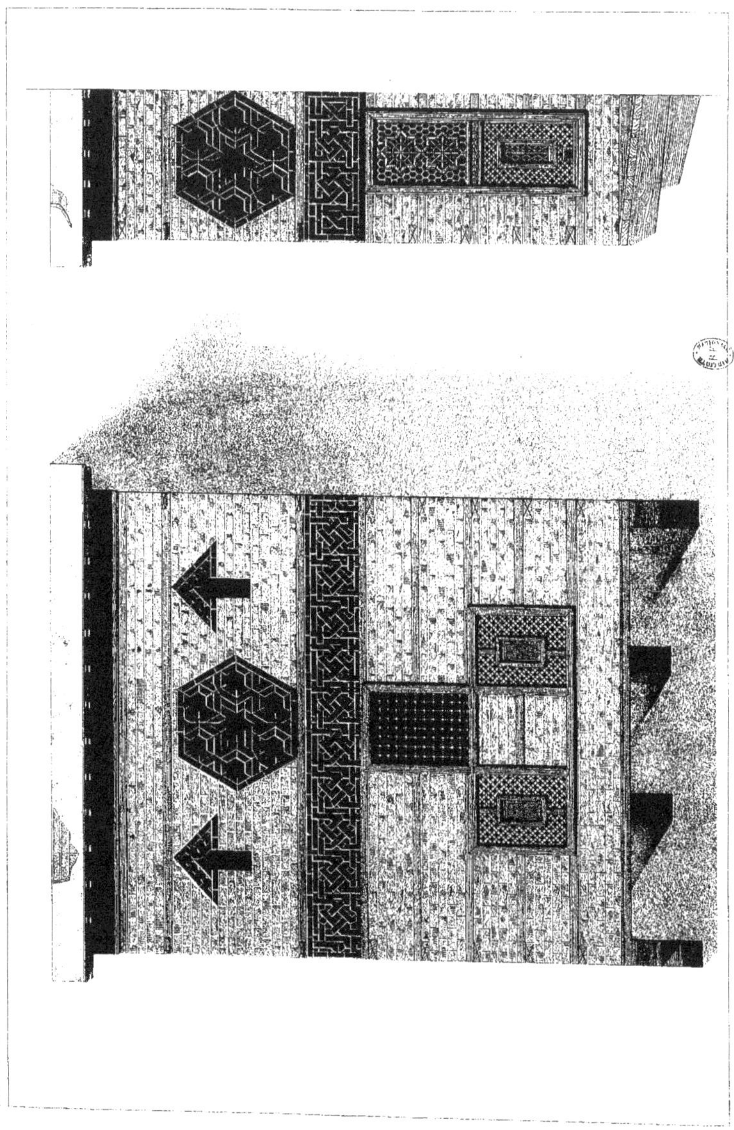

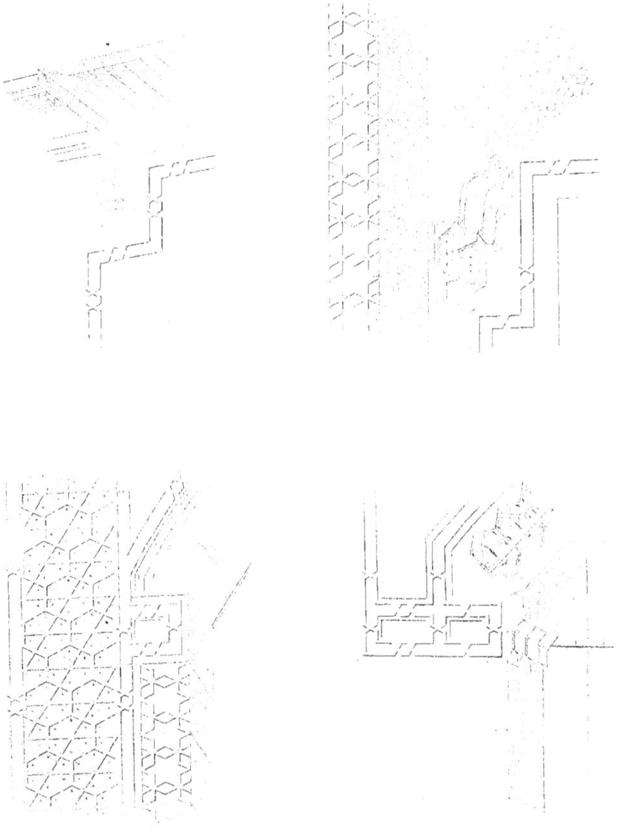

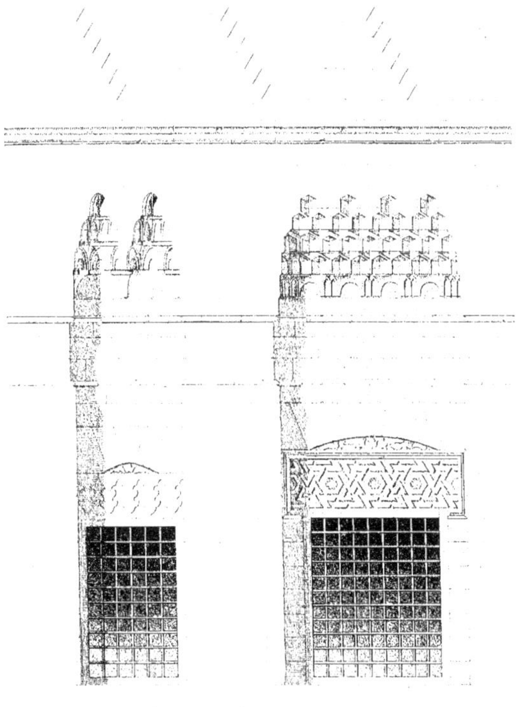

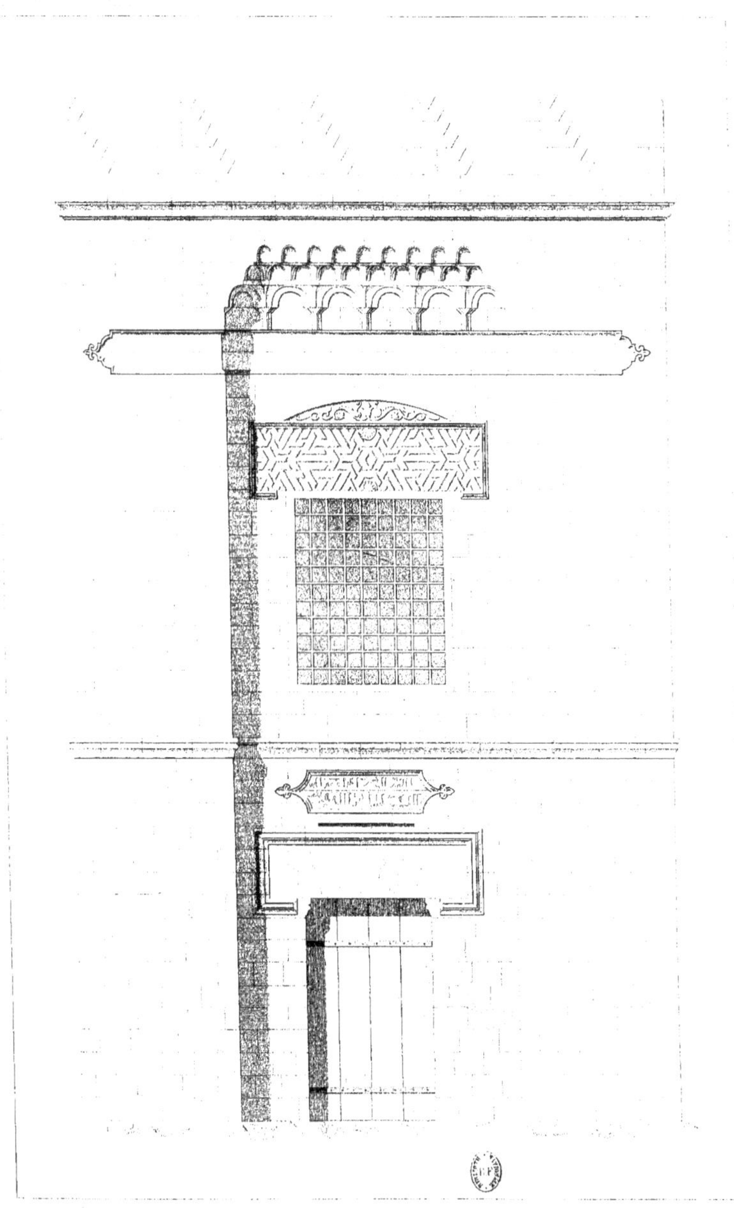

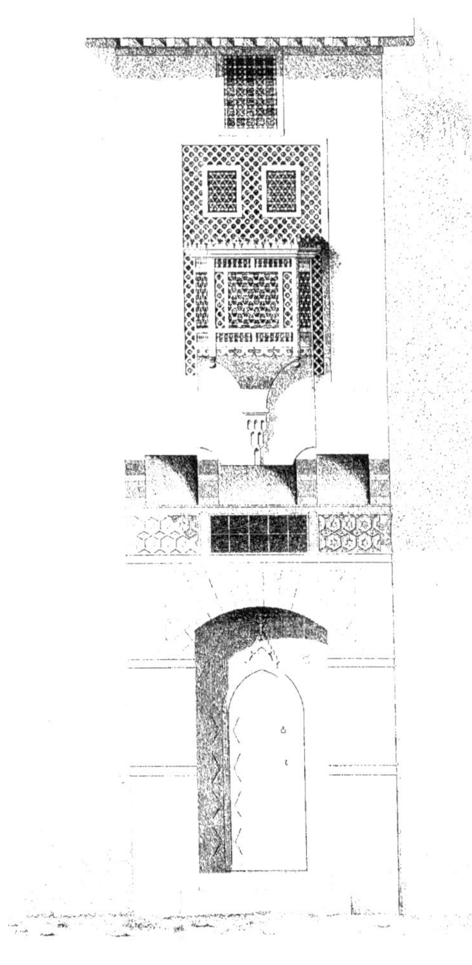

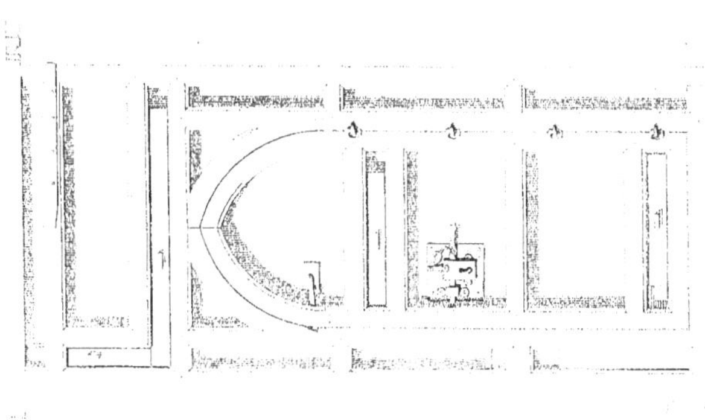

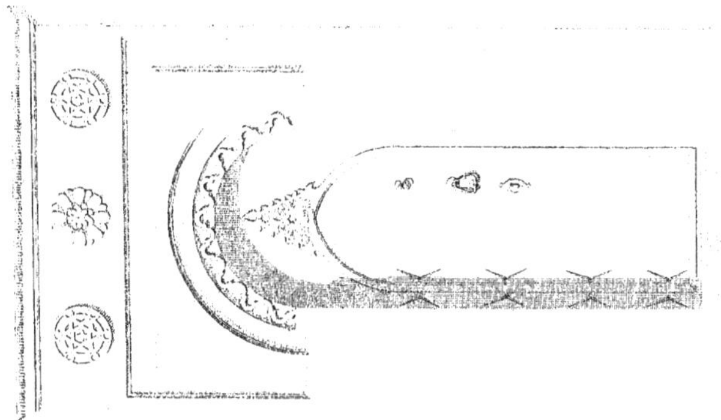

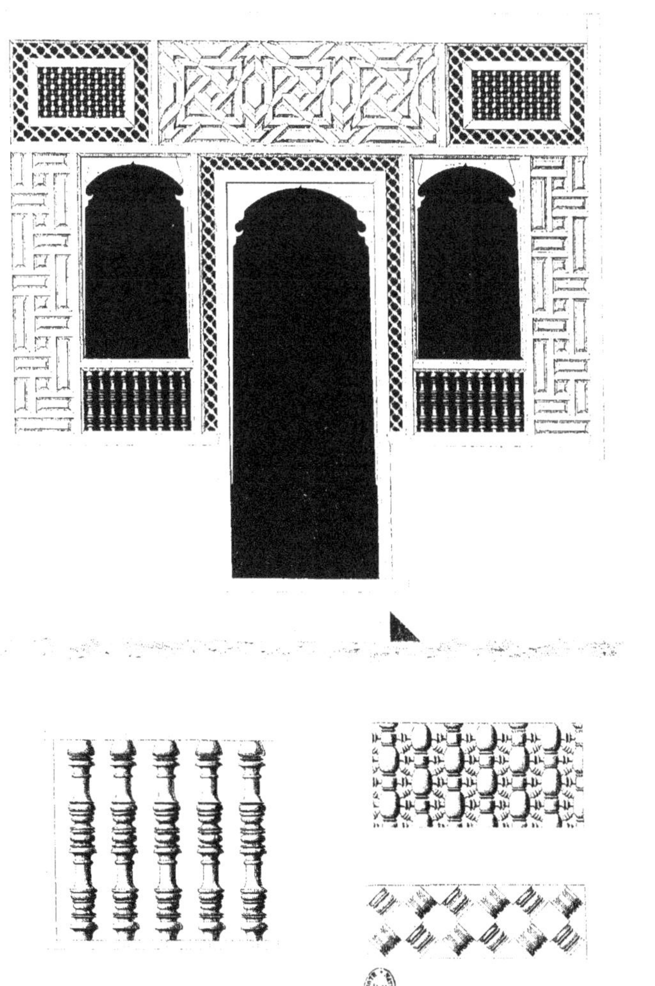

FABRIQUE A TANTAH

ÉGYPTE

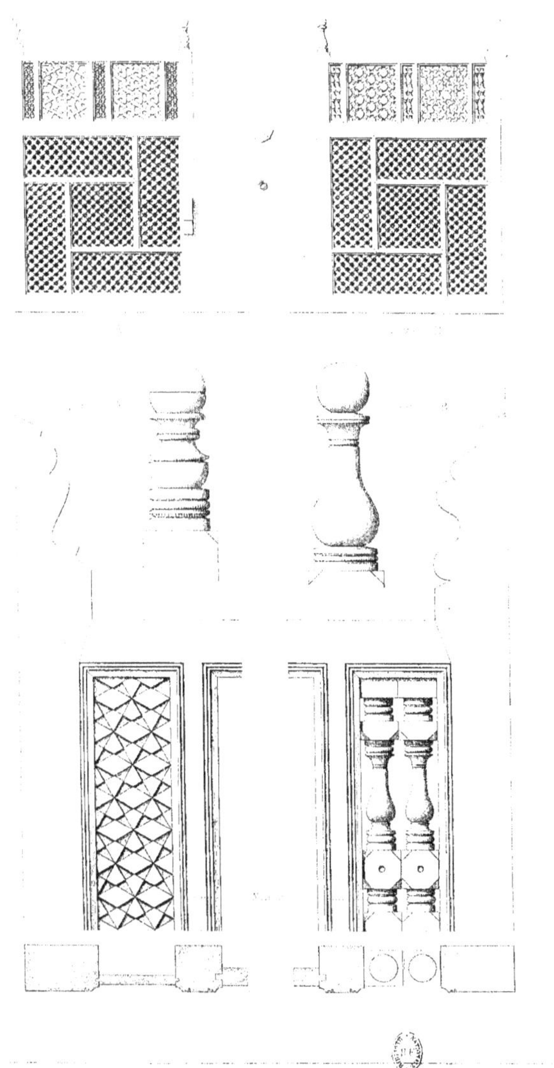

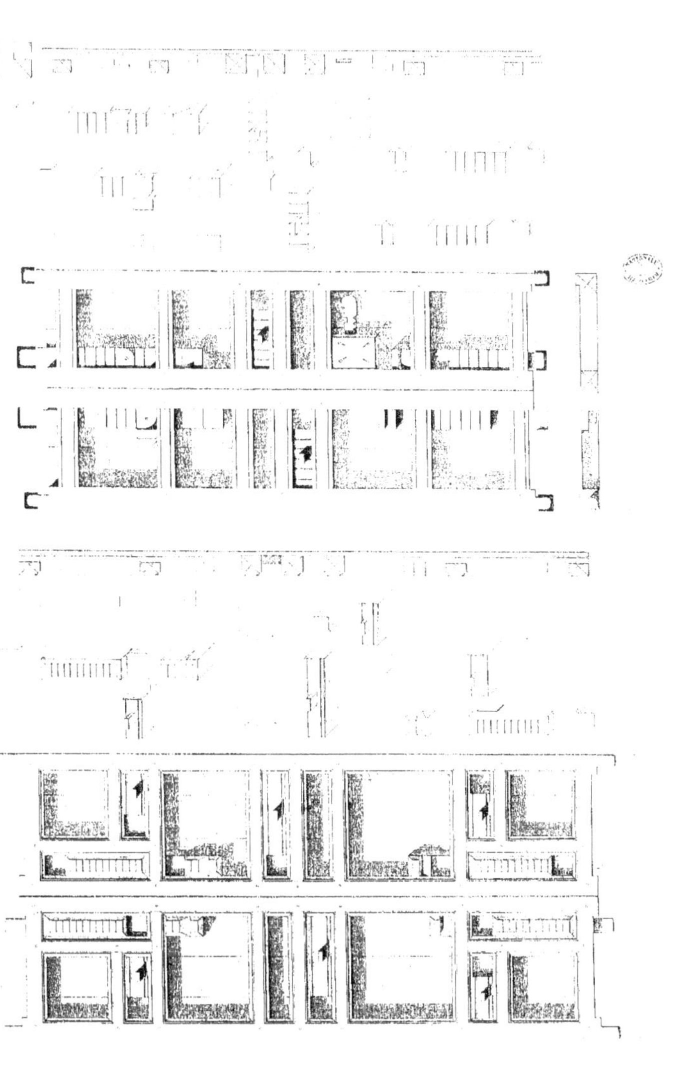

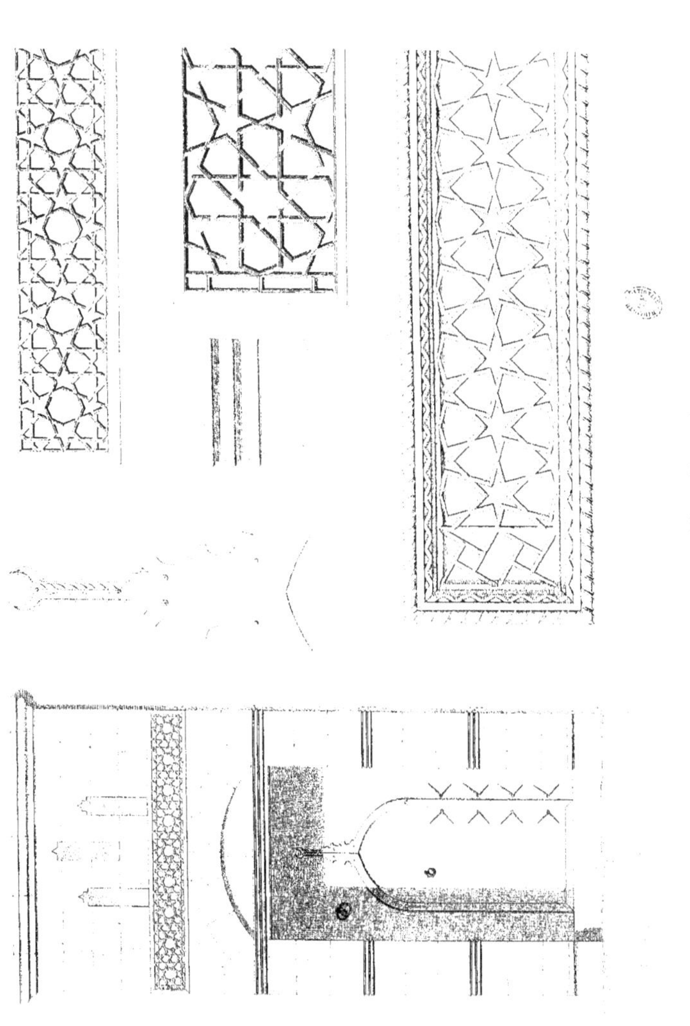

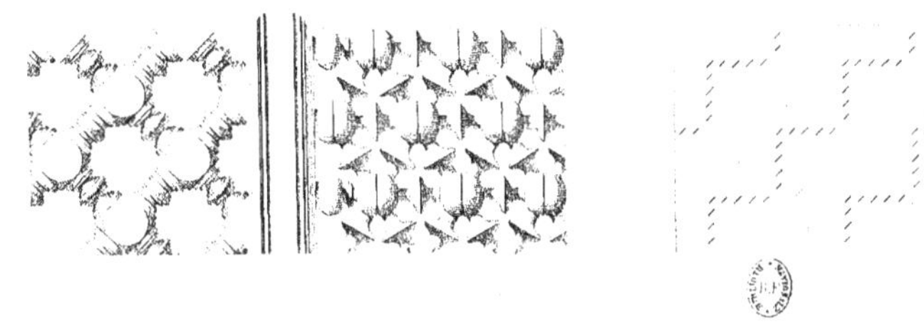

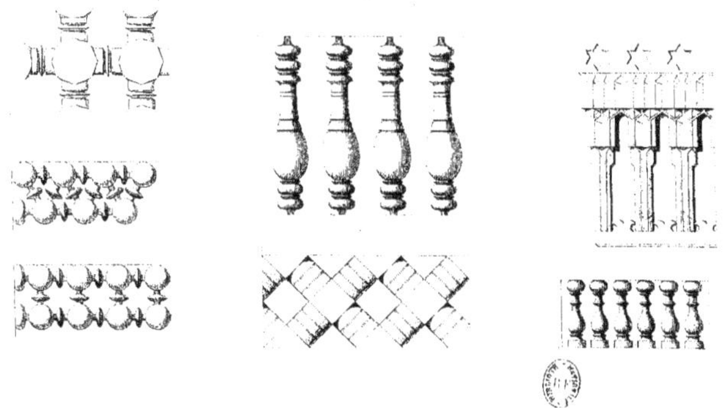

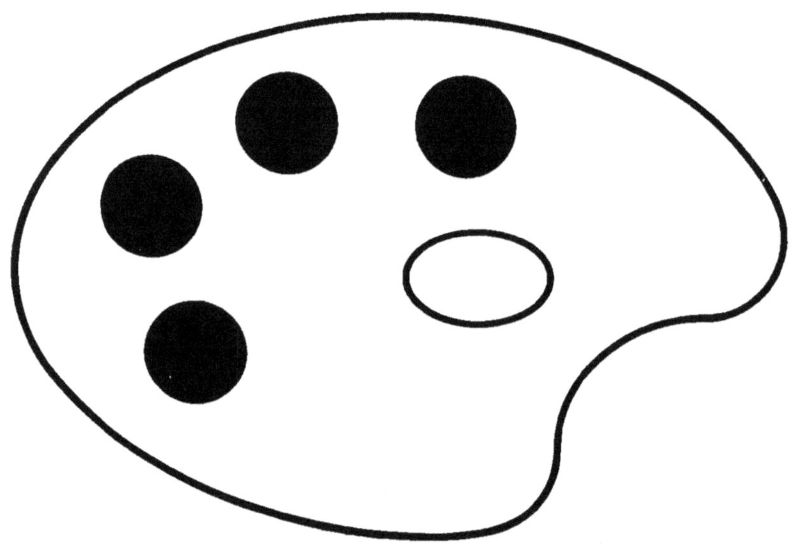

Original en couleur

NF Z 43-120-8

PORTE DE L'ÉGLISE DE S.JACQUES DES ARMÉNIENS

A JÉRUSALEM

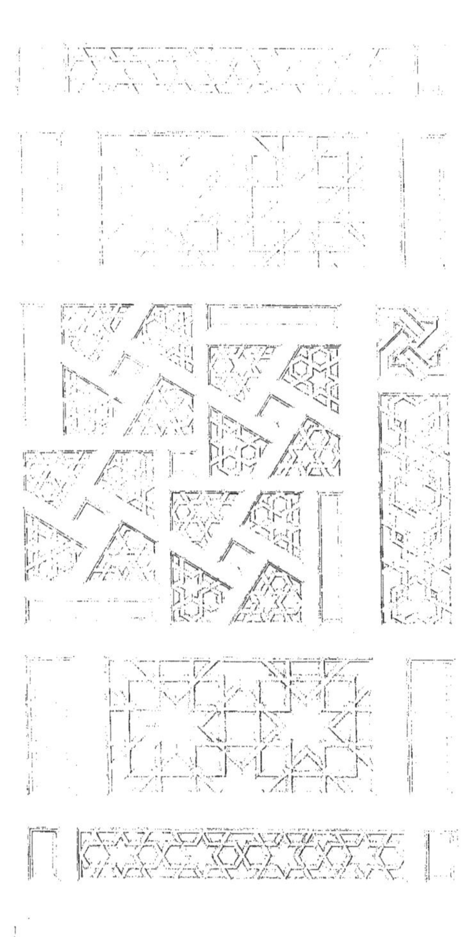

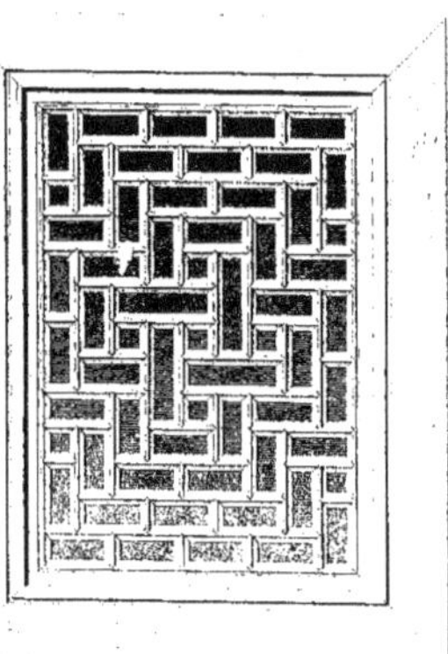

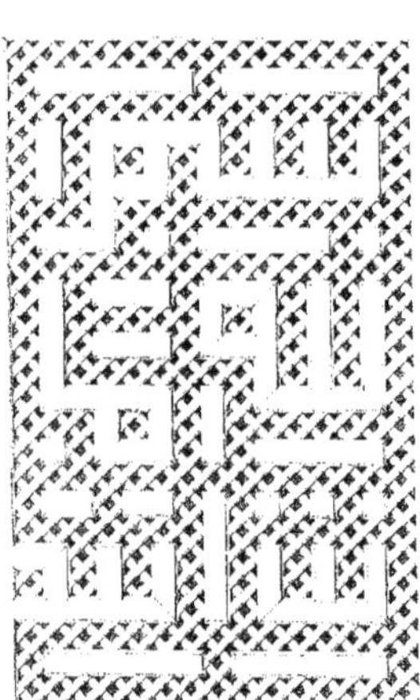
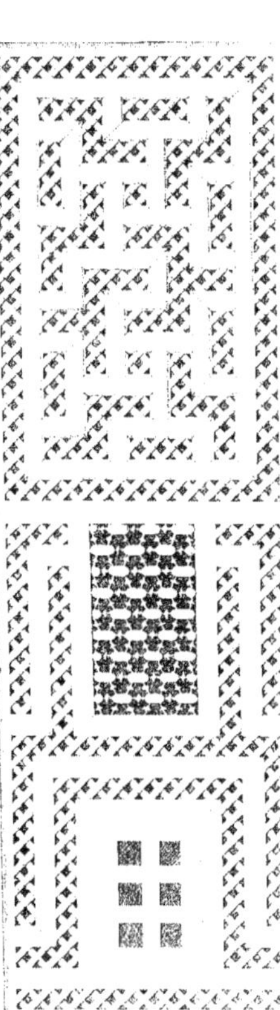

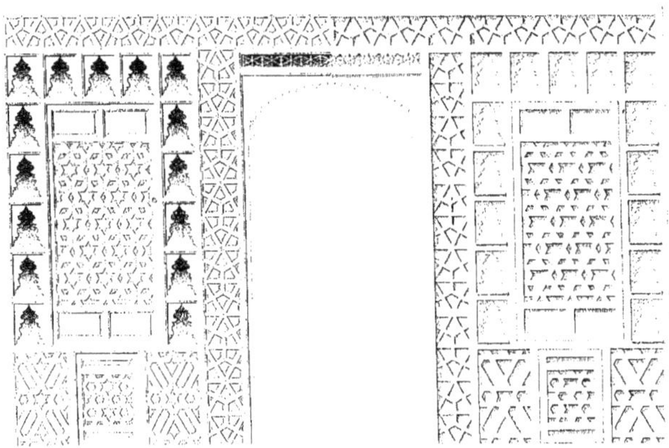

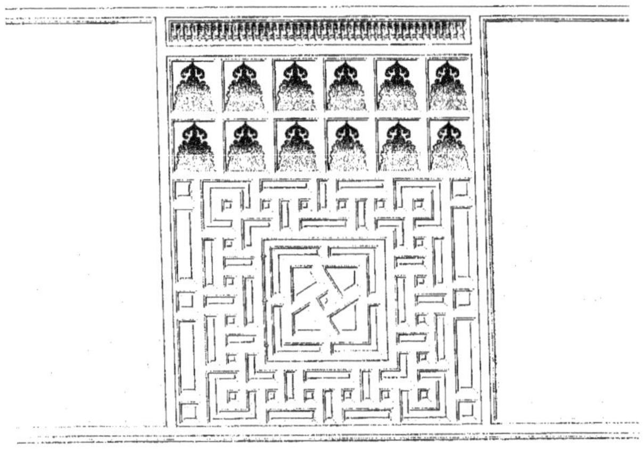

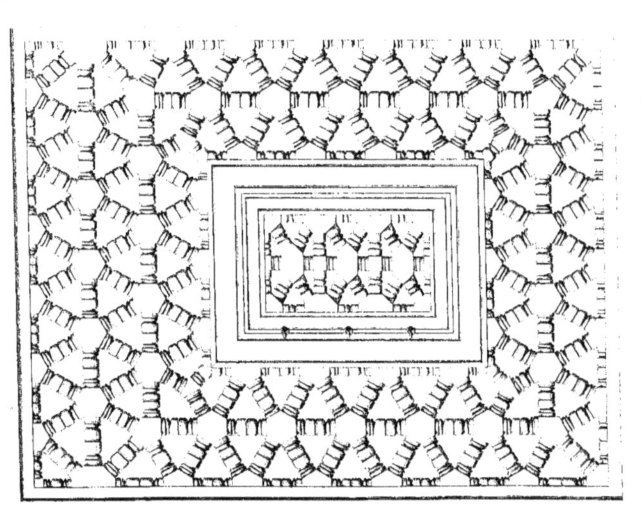

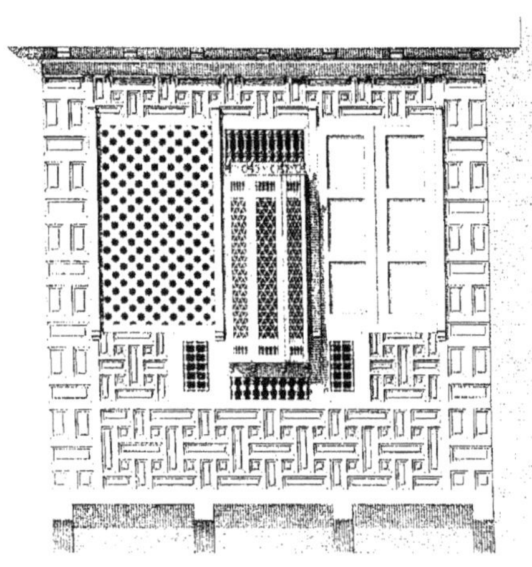

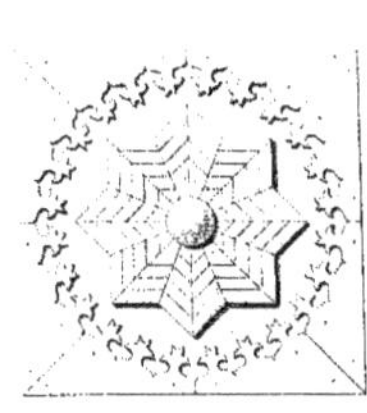

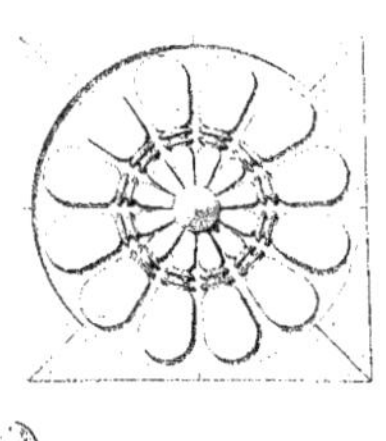

MOUCHARABIEH A DAMIETTE.

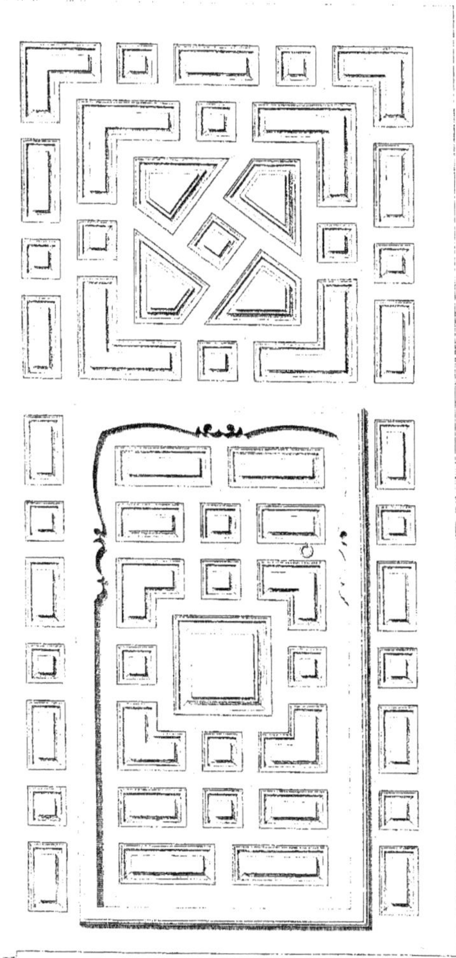

FRAGMENTS DIVERS D'UN COUVENT GREC
À ALEXANDRIE

MARBRES
PLANCHE XIII.

MOSAIQUE
1.2. ÉGLISE COPTE _ 3 SULTAN HASSAN _ 4.5. MOSQUÉE EL KAMLYEH

DE LA MOSQUÉE DU SULTAN HASSAN

Imp. Lemercier et Cie Paris

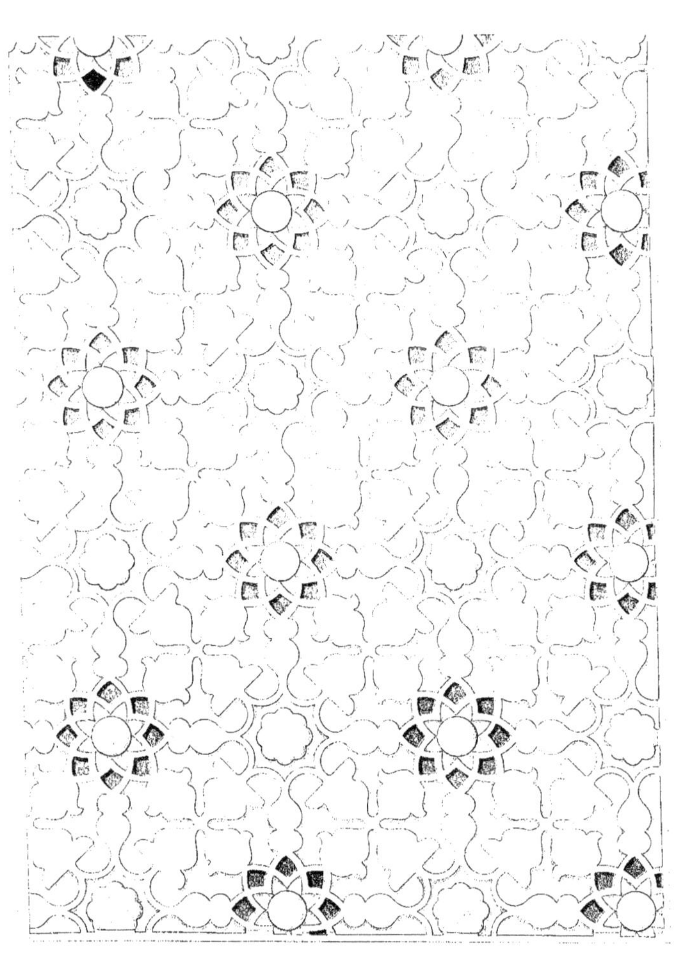

MOSQUÉE AU CAIRE

PRÈS CARAFEH

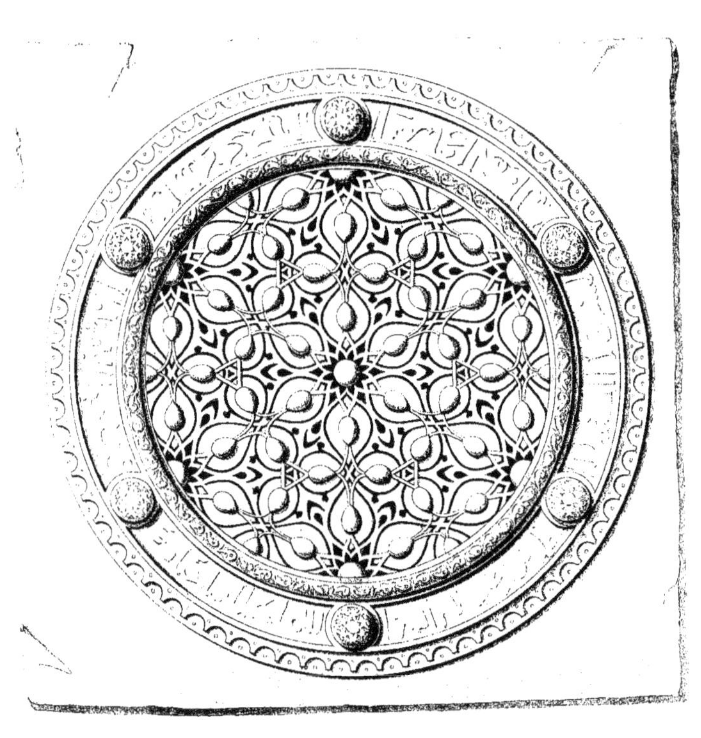

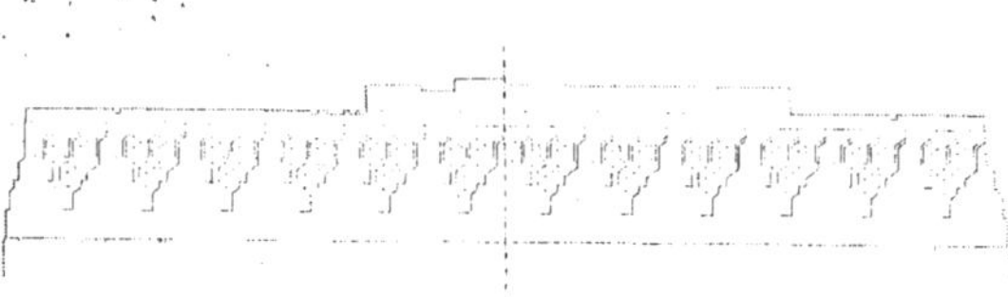

CAISSON DU PLAFOND D'UNE MOSQUÉE

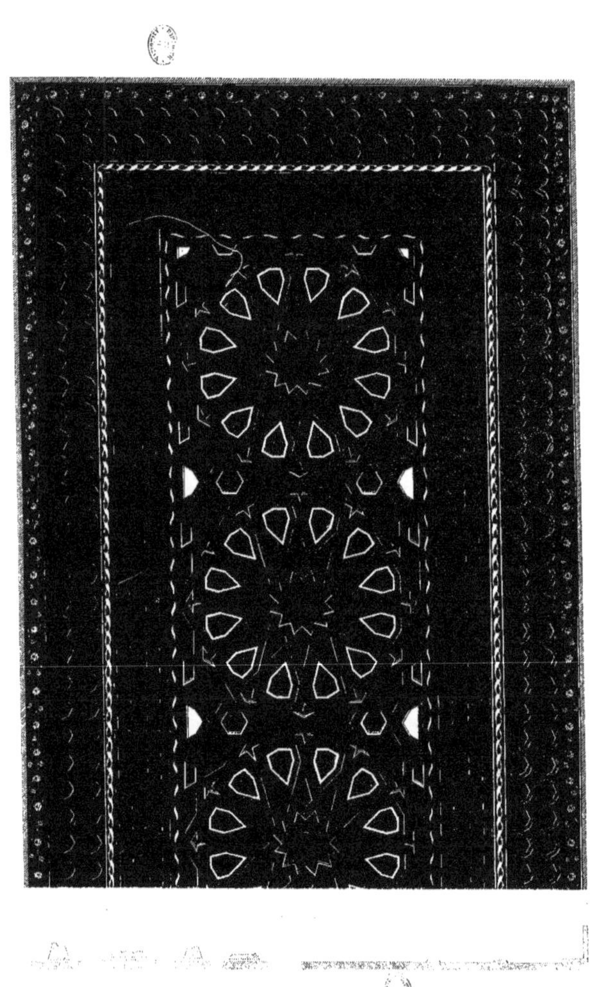

J. Bourgoin del.

Au Louvre.

DÉTAILS DIVERS

Vᵉ A. MOREL & Cⁱᵉ Éditeurs.

Imp. Lemercier & Cⁱᵉ Paris.

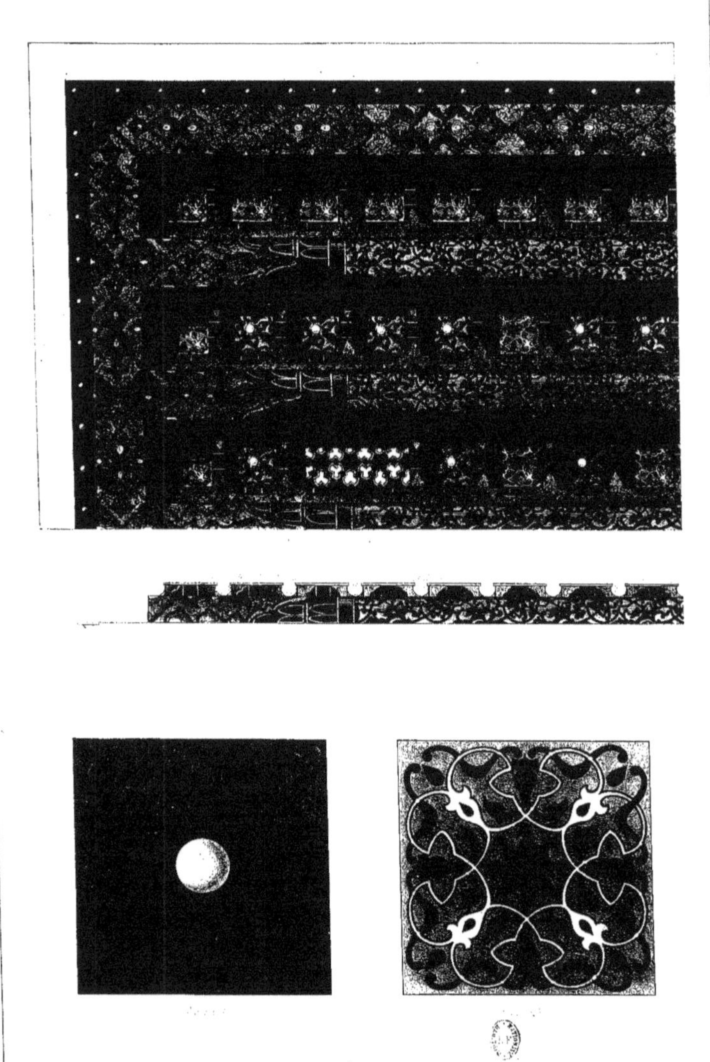

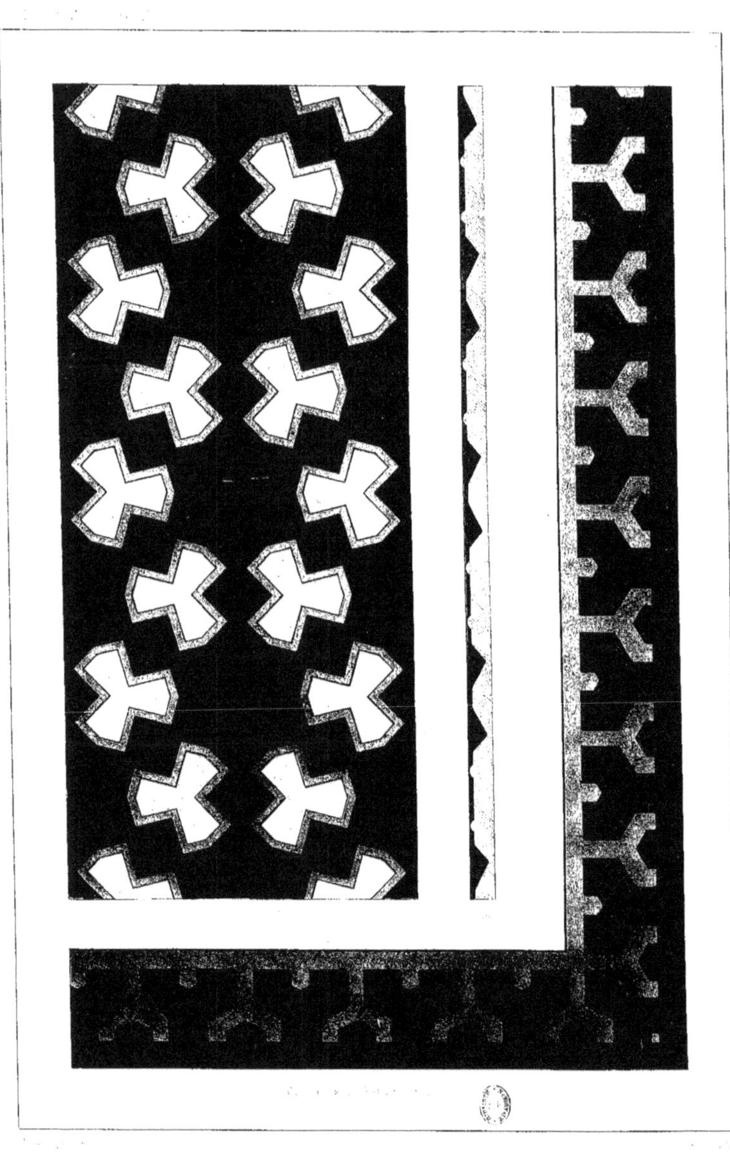

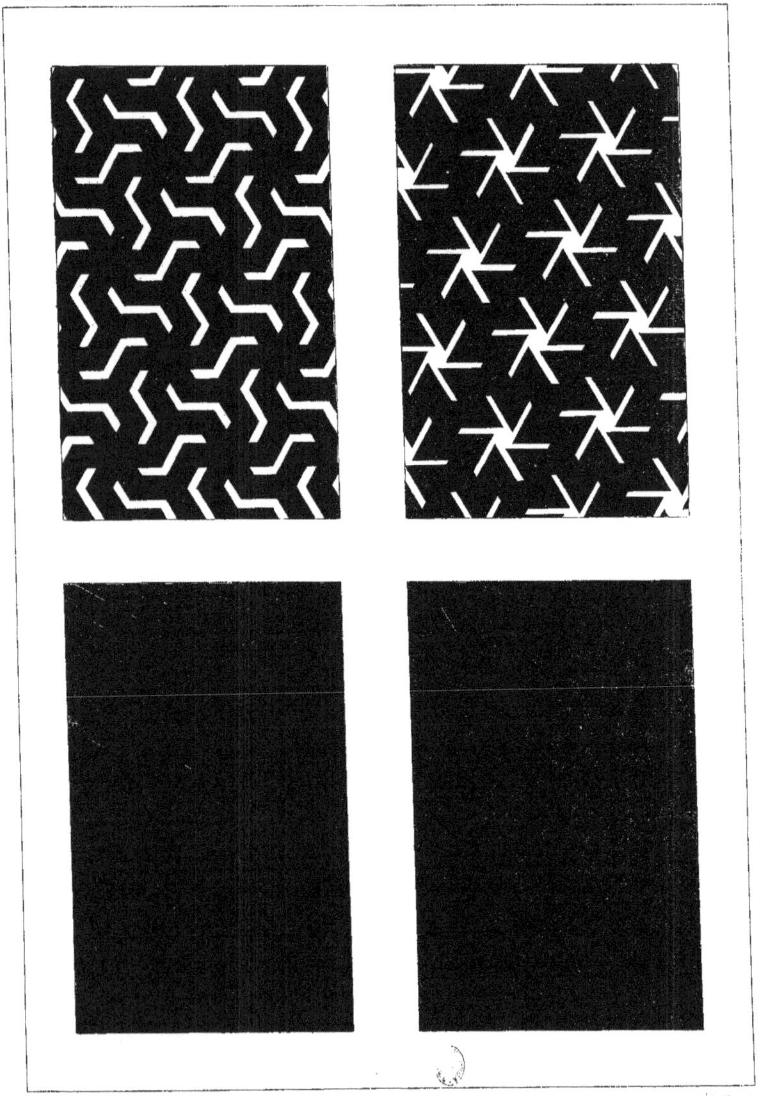

J. Bourgoin del.

DÉTAILS DIVERS

Vve A. MOREL & Cie Éditeurs

PORTE D'UNE MOSQUÉE
AU CAIRE

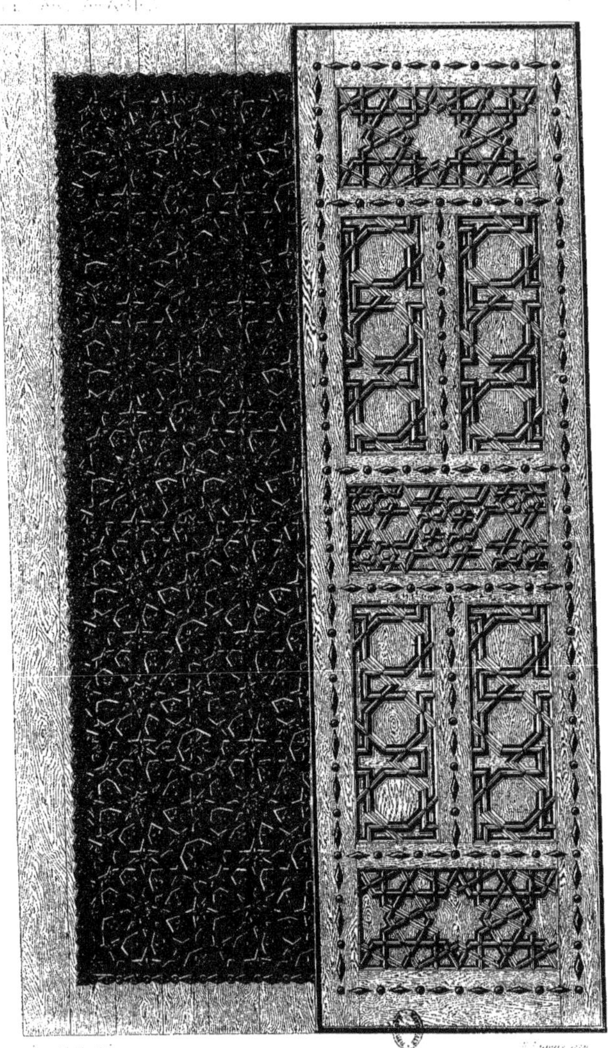

PORTE D'UNE MOSQUÉE
AU CAIRE

PORTE DE LA MOSQUÉE SULTAN EL MOYED
AU CAIRE

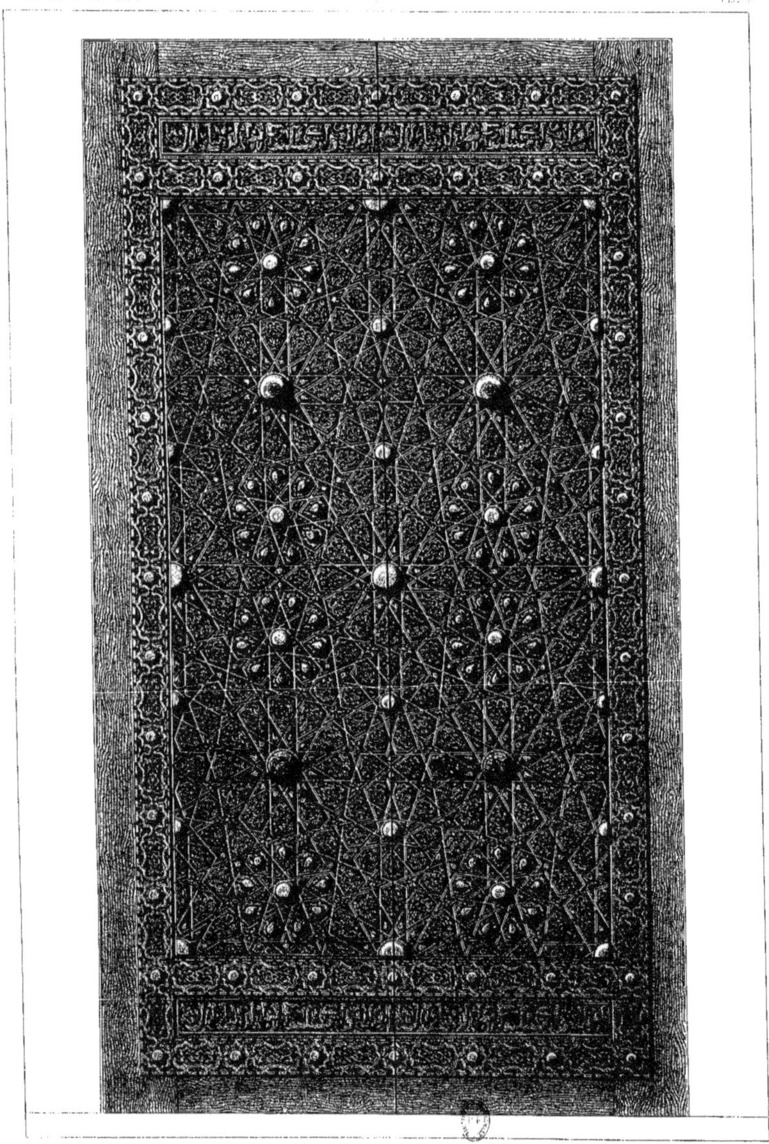

PORTE DE LA MOSQUÉE SULTAN HAÇAN

AU CAIRE

PORTE D'UNE FONTAINE
AU CAIRE

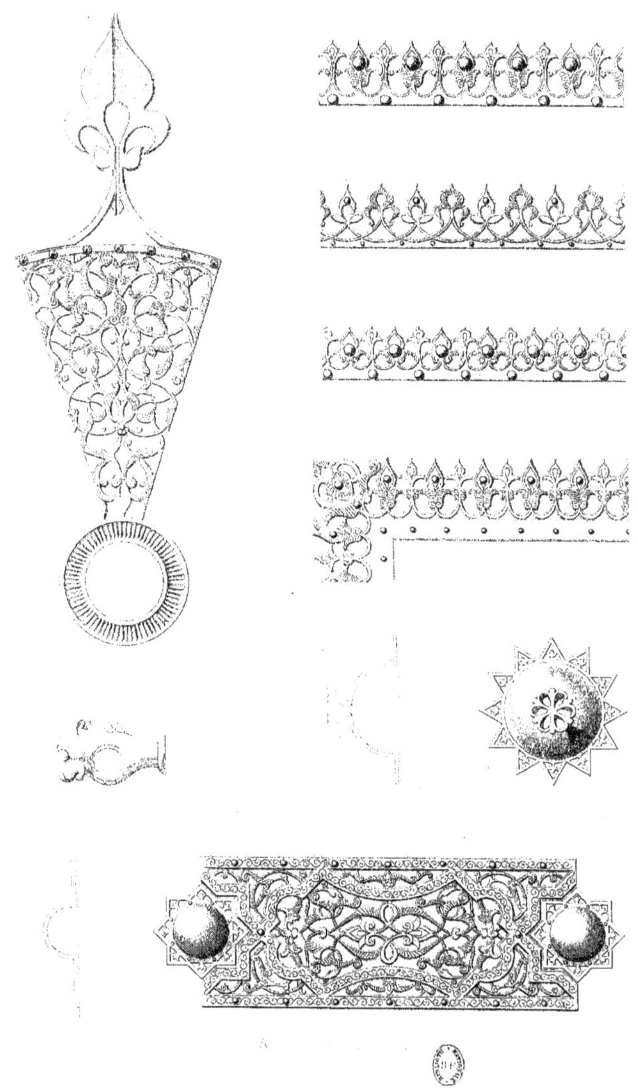

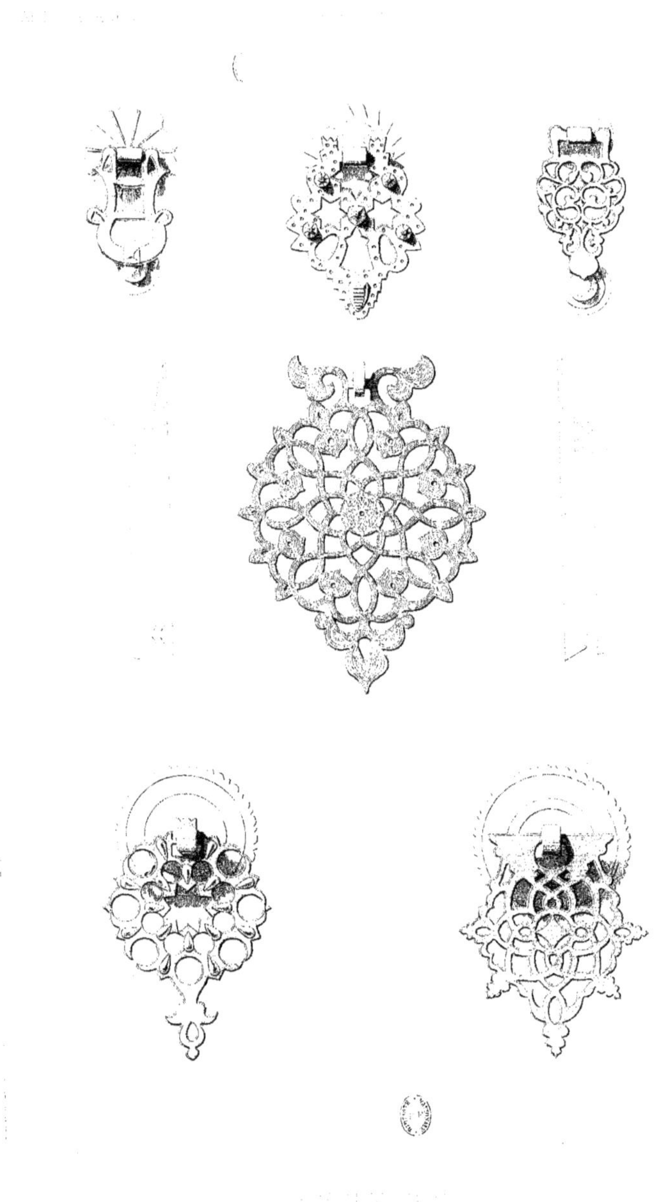

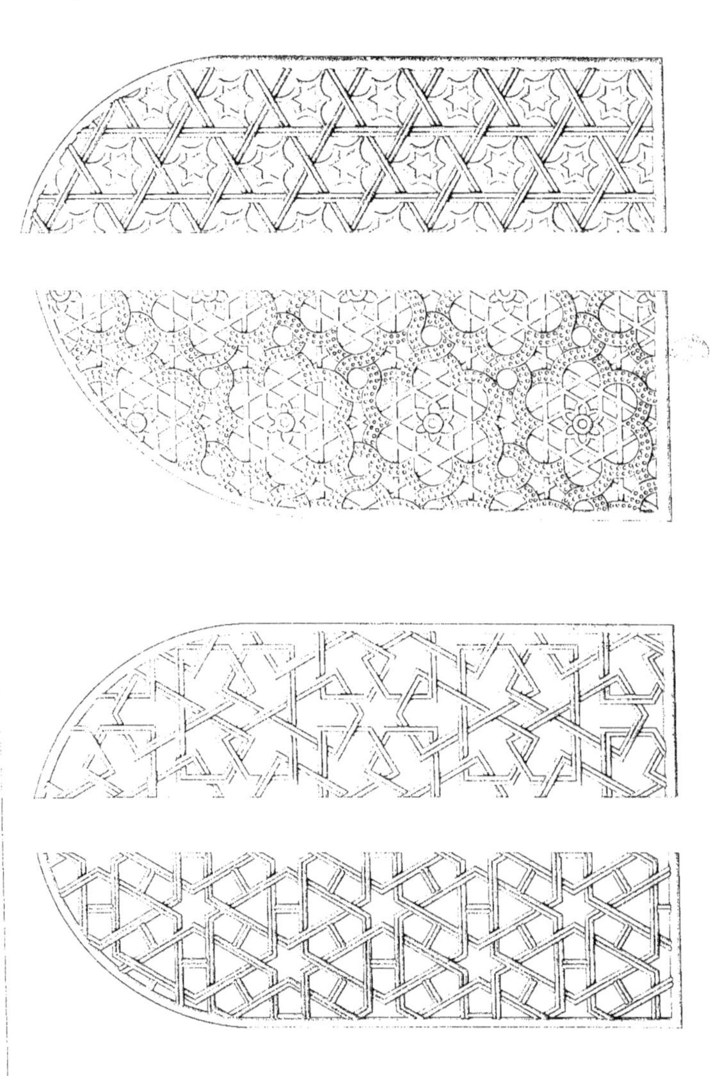

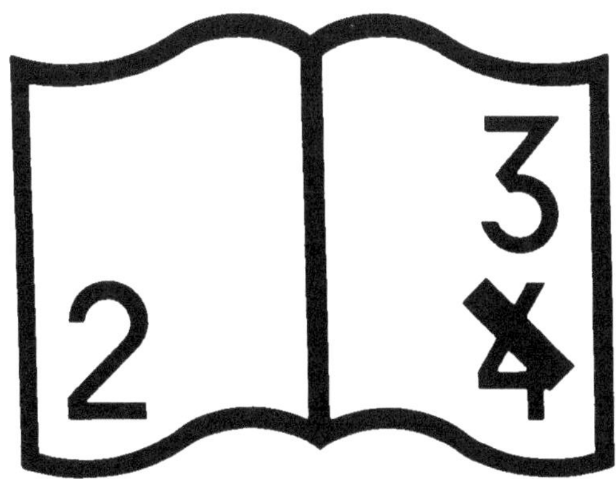

Pagination incorrecte — date incorrecte

NF Z 43-120-12

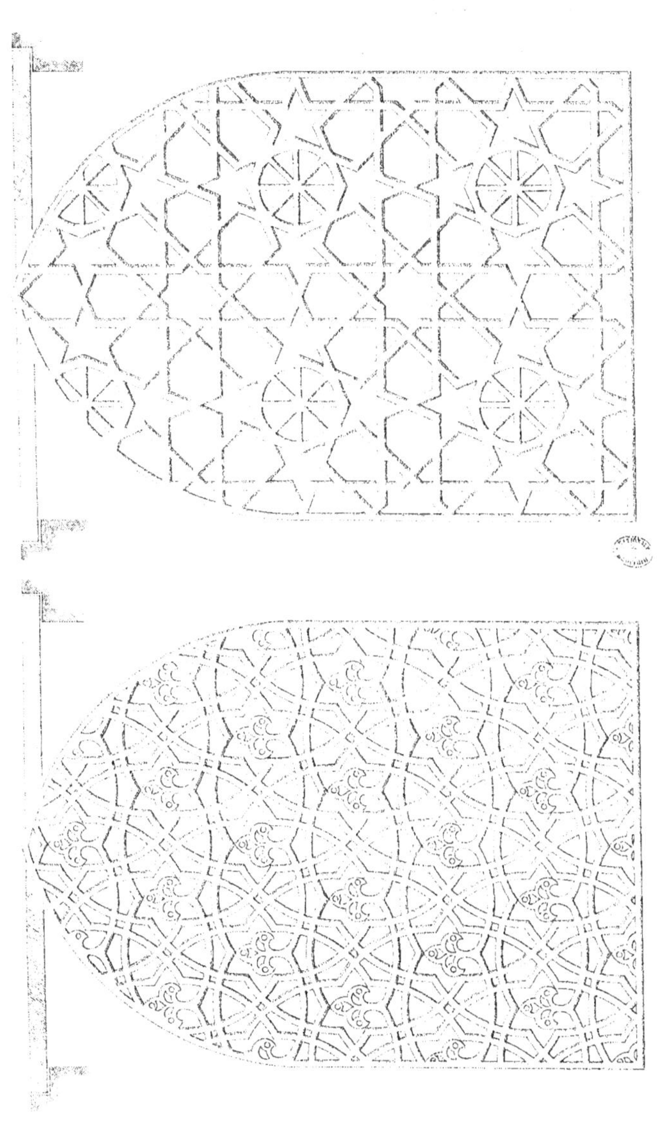

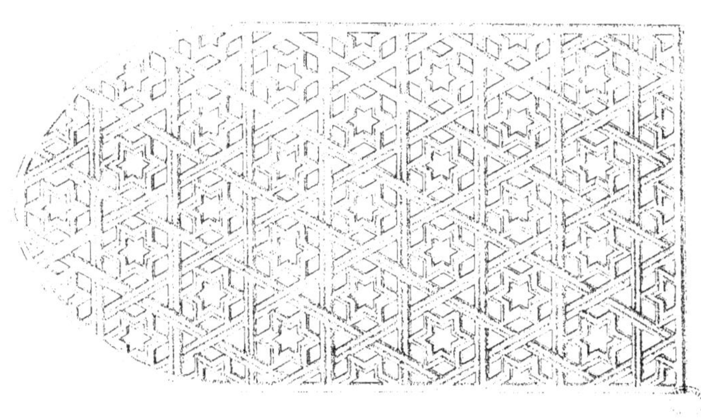

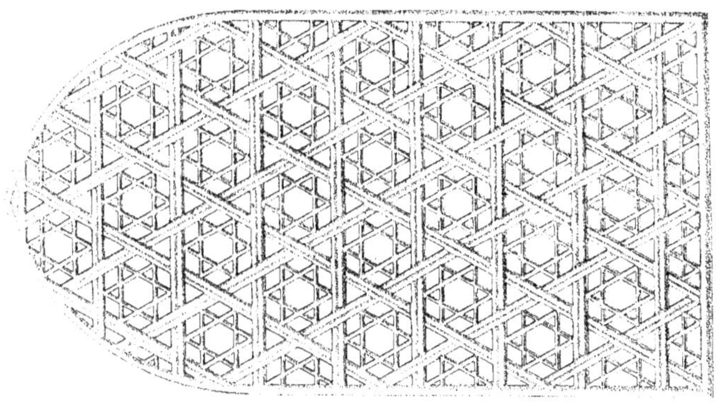

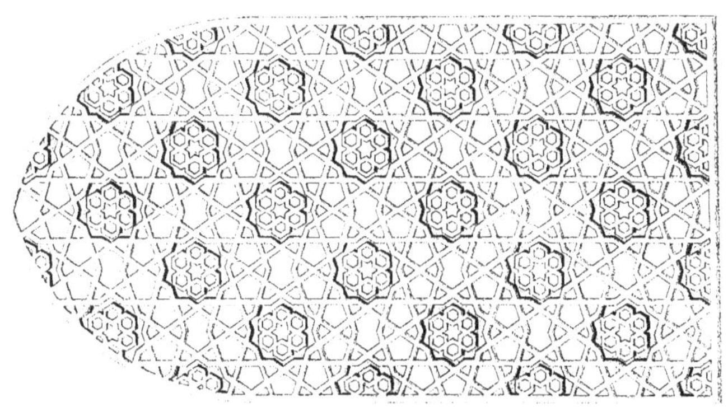

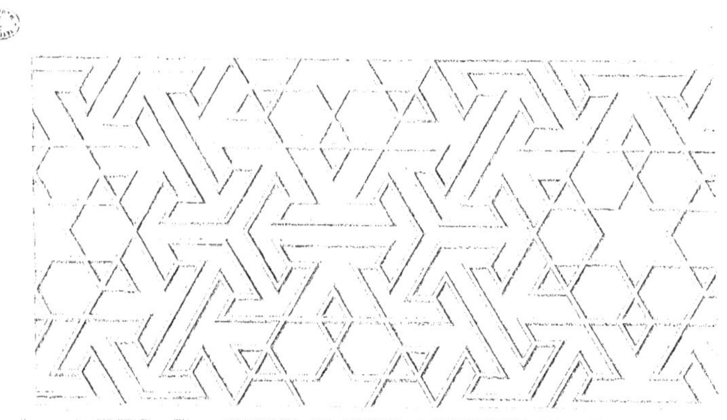

COUVENT DES DERVICHES

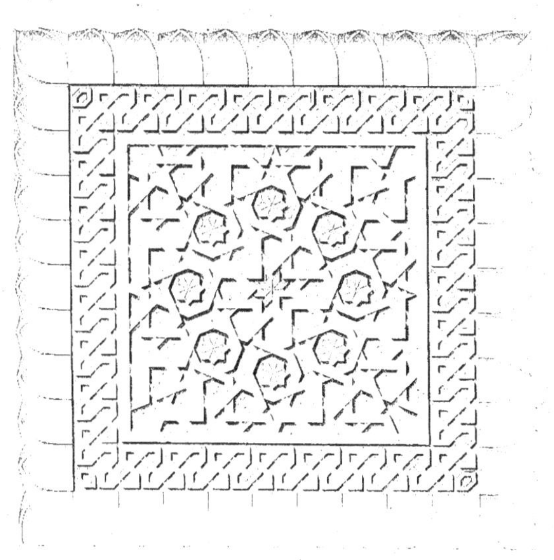

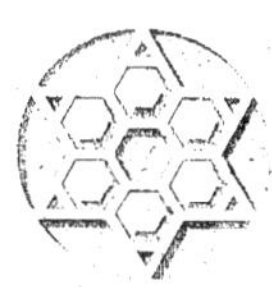

0

DÉSIGNATION

ET

EXPLICATION DES PLANCHES

AVANT-PROPOS

On peut distinguer trois grandes époques dans l'histoire de l'art arabe : la première qui commence à la fondation de l'Islam et s'arrête au XIIe siècle de notre ère : c'est l'époque byzantine. La seconde s'étend du XIIe siècle de notre ère au XVe siècle : c'est l'époque arabe proprement dite. La troisième époque s'étend du XVe siècle jusqu'à nos jours : c'est l'époque moderne.

Ainsi, trois grandes périodes :

1° Période byzantine ou de formation ;

2° Période arabe ou définitive ;

3° Période moderne ou de décadence.

Nous rattachons à ces trois époques les détails divers que nous donnons dans nos planches, sans nous préoccuper ni des dates, ni des contestations que pourraient soulever les archéologues. Nous faisons avant tout un livre d'études et nous tenons à lui conserver ce caractère tout à fait exclusif.

PREMIÈRE SÉRIE. — ARCHITECTURE

PL. 1. ENTRÉE DE LA FONTAINE KAID-BEY, AU CAIRE. — Cette entrée appartient à la période arabe. On remarquera la disposition générale, le grand parti d'encadrement particulier à cette époque et à l'époque suivante, et cette velléité d'indication de la construction qui est d'origine byzantine. Ce parti consiste en un arc de décharge soulageant le linteau. L'appareil emmanché de l'arc de décharge de deux claveaux en marbre blanc et de trois claveaux en marbre rouge, montre cette recherche excessive et cet amour de la complication particuliers aux artisans arabes.

Les deux compartiments carrés du haut dérivent du pentagone : les deux en dessous, placés de chaque côté de l'arc de décharge, dérivent de l'hexagone (Voir la planche 49, *série des marbres*, et la planche 70, *série des plafonds*). L'entrelac du linteau dérive du réseau carré et des lignes angulaires de l'octogone combinés.

PL. 2. ENTRÉE D'UNE ÉCOLE, PRÈS DU HARAM-ECH-CHÉRIF, À JÉRUSALEM. — Les monuments arabes de Jérusalem ont un caractère particulier qui les fait différer notablement des monuments arabes du Caire. Construits avec une grande perfection et avec des matériaux de choix, ils se ressentent visiblement du voisinage de l'Asie-Mineure, et, dans quelques cas, témoignent d'une influence remarquable des constructions gothiques élevées au temps des Croisades. Ces monuments mériteraient certainement d'être relevés et étudiés d'une manière complète.

On remarquera l'évidement du joint inférieur, dans les dalles couvertes d'entrelacs. La première dalle à gauche dérive, dans son dessin, du pentagone : la seconde, à droite, dérive du carré et des divisions angulaires de l'octogone. Les deux compartiments verticaux sont en retraite sur le nu de la construction ; le second contient un motif d'entrelacs qui dérive du décagone et du pentagone et de leurs figures dérivées.

PL. 3. ENTRÉE D'UNE MOSQUÉE A ALEXANDRIE. — Cette entrée fort élégante appartient, ainsi que les détails des planches suivantes, à l'architecture de briques, particulière à l'Égypte, et dont la ville de Rosette, entre autres, offre des spécimens extrêmement remarquables. Les trois rosaces sont en enduit rouge sur fond blanc ; le dessin en est très-simple. Les deux autres compartiments en dessous et qui encadrent le treillis en menuiserie, forment des inscriptions.

PL. 4. MOUCHARABYEH A ALEXANDRIE. — Élévation et face latérale, — Voir, pour le détail de la menuiserie de la face latérale, la planche 37, ci-après.

PL. 5. DIVERS PAREMENTS DE BRIQUES (Rosette, Damiette, etc.). — Les quatre premiers compartiments dérivent du réseau trigone ; le cinquième, tracé suivant le réseau quadrillé, forme une inscription.

PL. 6. ENTRÉE D'UNE MAISON AU CAIRE. — C'est un spécimen très-remarquable de la période moderne. La disposition générale des trois plans successifs en encorbellement est fort ingénieuse.

PL. 7. DÉTAILS DE LA PLANCHE 6. — Les croquis perspectifs expliquent la disposition générale que nous signalons ci-dessus.

PL. 8 et 9. DE LA MOSQUÉE D'EL-GORIY, AU CAIRE. — Période arabe ; exemples de stalactites. Les linteaux encadrés d'une moulure ont un dessin qui dérive du réseau trigone.

PL. 10. FENÊTRE DE LA FONTAINE DE LA MOSQUÉE GISMAH. — Voir pour le treillis, la planche 28, ci-après. — Un auvent existait au-devant de cette fenêtre, mais il a disparu depuis longtemps. Il est facile néanmoins de le rétablir à l'aide des fermettes et des découpures que nous donnons dans les planches de la série *Menuiserie*.

PL. 11. FAÇADE D'UNE MAISON A ALEXANDRIE. — Cette façade rappelle la disposition assez commune des maisons de la Basse-Égypte : une entrée avec un moucharabyeh au-dessus.

PL. 12. PORTE D'UNE MAISON A ALEXANDRIE. — Cette porte est remarquable par l'arrangement ingénieux du système de fermeture. L'encadrement extérieur est revêtu d'enduit avec des rosaces en saillie et légèrement modelées. — Époque moderne.

PL. 13. BOUTIQUE A TANTAH (Égypte). — Panneaux de menuiserie dont le dessin dérive du carré et des lignes angulaires de l'octogone. Treillis en bois tourné et balustres.

PL. 14. ENTRÉE D'UNE MOSQUÉE A JÉRUSALEM. — Mosquée aujourd'hui abandonnée et qui est devenue une habitation particulière ; cette mosquée présente cette particularité remarquable, qu'entre les assises, alternativement en pierre et en marbre rouge, ont été interposées des lames de plomb.

DEUXIÈME SÉRIE. — MENUISERIE

La menuiserie est particulièrement remarquable dans toute l'Égypte; les dispositions en sont charmantes et fort ingénieuses; la construction est sincère et bien entendue. Les œuvres de menuiserie sont extrêmement abondantes; nous avons dû faire un choix et nous attacher seulement à reproduire les créations les plus remarquables et celles qui pourront être chez nous d'une application facile et conséquemment d'une véritable utilité. Nous appelons surtout l'attention sur les treillis tournés ou en lattis, dont l'élégance frappera d'autant plus si on les compare à la monotonie de nos treillages et de nos claires-voies.

PL. 15. DIVAN D'UNE MAISON A ALEXANDRIE. — Cette planche reproduit deux divans; les détails (pl. 16) en expliquent suffisamment la disposition. Ces divans existent dans toutes les maisons; un grand plancher occupe la moitié de la pièce; une semelle clouée sur un des montants aide à monter.

PL. 16. DÉTAILS DE LA PLANCHE 15. — Tous ces motifs dérivent de l'hexagone et du réseau trigone. Le quatrième compartiment est fort ingénieux; la structure est indiquée au-dessous. Le treillis à gauche donne le détail de la partie inférieure du divan.

PL. 17. PANNEAUX TIRÉS DE MAISONS DU CAIRE. — Le premier panneau dérive des réseaux hexagone, carré et trigone assemblés; le second panneau dérive du réseau trigone. Tous deux sont formés par de petits bois chanfreinés et cloués à plats.

PL. 18. FERMETURES DE PORTES INTÉRIEURES DE MAISONS. — Les détails expliquent le mécanisme de la fermeture, dont l'invention est fort ingénieuse et parfaitement entendue.

PL. 19. ENTRÉE D'UNE MAISON A ALEXANDRIE. — Porte avec guichet. Cette forme de guichet ainsi que les découpures qui surmontent (voir pl. 20) sont particulières à Alexandrie. Les deux panneaux, dont un forme la sollite, dérivent de la rosace de l'octogone inscrit au carré, mais disposés dans un sens différent, le motif étant le même pour les deux panneaux. Le troisième panneau, ou la sollite A, provient de l'entrée d'une mosquée: le dessin dérive du réseau trigone; trois étoiles à angles rentrants droits sont appointées suivant les côtés du trigone.

PL. 20. DÉCOUPURES DE PORTES DE MAISONS.

PL. 21. IMPOSTE D'UNE BOUTIQUE AU CAIRE. — Le grand panneau dérive du pentagone et du polygone étoilé dérivant du décagone. La rosace inscrite au carré dérive de l'octogone. Le treillis en bois tournés et taillés est tracé suivant le réseau trigone et hexagone assemblés.

PL. 22. BOISERIES D'UN OKEL A ALEXANDRIE. — Les détails au bas de la planche expliquent la structure des treillis.

PL. 23. MOUCHARABYEH A ALEXANDRIE.

PL. 24. TREILLIS A ALEXANDRIE, ROSETTE, ETC. — Le dessin est tracé suivant un réseau ainsi composé: Réseau carré droit, recoupé d'un réseau diagonal déterminé par les carrés inscrits dans les carrés du premier réseau. Le premier treillis a, par-devant, une cage pour la *gargoulette*, ou vase à rafraîchir l'eau.

PL. 25. DES MOSQUÉES EL-MOYEN ET KAID-BEY. — Deux panneaux dérivés de l'heptagone. Voir, dans le *Trait général de l'Art arabe*, la figure VII, page 27.

PL. 26 et PL. 27. PORTES DE L'ÉGLISE SAINT-JACQUES, A JÉRUSALEM. — Ces portes, d'un effet splendide en exécution, sont en bois d'ébène avec incrustations de nacre et d'écaille. L'ornementation n'est pas précisément arabe; elle offre, dans les mêmes données cependant, un caractère particulier qu'on retrouve très-communément dans la Turquie et l'Asie-Mineure.

PL. 28. PANNEAUX DIVERS DES MOSQUÉES KAID-BEY, EL-MOYEN, ETC. — Le premier panneau dérive du réseau hexagone qui détermine des rosaces de neuf mailles tangentes suivant les côtés de cet hexagone. Le deuxième compartiment dérive du réseau trigone, déterminant des étoiles à six pointes, tangentes suivant les côtés du trigone. Le troisième a quatre rosaces disposées suivant le réseau carré. Le qua-

trième, enfin, est tracé suivant le réseau hexagone qui engendre des rosaces étoilées de douze appointées.

PL. 29. TREILLIS A ROSETTE. — Réseau carré, recoupé en diagonale d'un réseau échiqueté de trois; motif du milieu posé sur la pointe; un guichet s'ouvrant au dehors pour passer la tête.

PL. 30. PORTE DE LA MOSQUÉE KAID-BEY. — Les deux bandes haut et bas et la bande verticale à gauche dérivent de l'hexagone. Le motif du milieu, posé biais, dérive du carré et des divisions angulaires de l'octogone. Les bandes juxtaposées haut et bas dérivent du carré et de l'octogone étoilé.

PL. 31. TREILLIS DIVERS. — Le premier motif, provenant d'Alexandrie, dérive du quadrillé droit. — Le deuxième, de Damanhour, dérive du quadrillé diagonal. — Le troisième dérive de l'hexagone, posé suivant les diagonales du carré. — Le quatrième, tiré de la mosquée Gisyrah, dérive du réseau carré avec ses diagonales et un gironnement de douze au centre. — Le cinquième, enfin, de la mosquée du sultan Hassan, dérive du réseau trigone avec gironnement de vingt-quatre aux sommets.

PL. 32. TREILLIS A ROSETTE. — Le premier motif dérive du réseau quadrillé; le second dérive du carré avec huit points de rayonnement suivant le carré et octogone assemblés.

PL. 33. TREILLIS DIVERS. — Le premier motif provient de Tantah; le second, de Mansourah, forme une inscription; le troisième est pris à la face latérale d'un moucharabyeh à Alexandrie.

PL. 34. FERMETTES D'AUVENT. — Ces fermettes, d'un effet fort agréable, pécheraient peut-être à nos yeux sous le rapport de la construction. Mais, pour les Arabes, l'idée de la solidité n'est point un souci; ils ont la vie trop facile pour se préoccuper d'arcuser dans leurs œuvres cet aspect de résistance qui est le partage de l'architecture de nos climats. Ils ont tenu surtout, dans ces exemples, à donner à la disposition de leurs fermettes une régularité géométrique au moyen du trigone et de l'hexagone. Ces fermettes, d'ailleurs, ne sont pas de la charpente, elles n'ont presque rien à porter; puis elles sont d'une charmante silhouette, c'est bien quelque chose.

PL. 35. BOISERIES INTÉRIEURES DE MAISONS A ROSETTE. — La première boiserie est vue sous ses deux faces pour montrer la structure des panneaux; cette structure est toujours aussi vraie quelle que soit la complication de l'entrelac et ce n'est pas un des moindres mérites de la menuiserie arabe que cette conscience et cette sincérité apportées à l'exécution.

La deuxième boiserie, intercalée dans un revêtement de faïence, offre, en son milieu, une disposition dérivée du carré et de la division angulaire de l'octogone; cette disposition fait, ainsi placée, l'effet d'une dissonance.

PL. 36. DÉCOUPURES D'AUVENTS AU CAIRE. — Ces découpures sont clouées aux fermettes; leurs contours fort simples, produisent un grand effet à l'exécution.

PL. 37. TREILLIS TOURNÉS A ALEXANDRIE, ROSETTE. — Le premier motif dérive de l'hexagone avec des raccords fort habilement disposés pour rentrer dans la forme rectangulaire du cadre. Le deuxième treillis a, sur un fond dérivé des réseaux octogone et carré assemblés, deux étoiles dérivées de l'octogone, remplies par des lignes rayonnant du centre et de chaque pointe.

PL. 38. MOUCHARABYEH A DAMIETTE, DÉTAILS AU CAIRE. — Le motif du haut reproduit un moucharabyeh à Damiette, avec volets fermés et volets enlevés; les motifs du bas sont des bois découpés et cloués sur un champ uni formant décoration d'un moucharabyeh au Caire.

PL. 39. PORTE D'UNE MAISON A ALEXANDRIE. — Guichet à compartiments rectangulaires droits. La partie dormante a pour motif milieu, dans sa section supérieure, un dessin dérivé du carré et des lignes angulaires de l'octogone, et placé de biais.

PL. 40. PORTES A ALEXANDRIE ET AU CAIRE.

TROISIÈME SÉRIE. — MARBRES

PL. 41. DE LA FONTAINE SCHABBECK AU CAIRE. — Disposition gironnée de dessins entrelacés et emmanchés, marbre blanc, incrusté de mastic résineux, noir et rouge; le petit compartiment rectangulaire dérive du pentagone.

PL. 42. DE LA MOSQUÉE DU SULTAN HASSAN: LINTEAU.
Le grand compartiment est à disposition gironnée et emmanchée, avec raccords aux angles. Marbres de couleur et points de verre coloré en bleu turquoise.
La bande au-dessous, à disposition emmanchée, avec points rouges dans le blanc et points blancs dans le noir. Cette bande de pierre avec incrustations de marbre est tirée du linteau d'une porte.

PL. 43. MOSAÏQUE DE REVÊTEMENT AU CAIRE. — Ces bandes, qui font partie d'un revêtement général en marbres, sont composées de marbres de couleur et de filets de nacre. Le premier dessin est produit par l'alternance et l'entrelacement d'un motif dérivé de l'octogone étoilé et d'un motif dérivé de l'hexagone étoilé. La deuxième bande est formée par l'alternance de deux motifs différents, dérivés l'un et l'autre de l'hexagone.

PL. 44. DE LA MOSQUÉE OSMAN. — Le premier compartiment suivant le réseau trigone, dessin emmanché, noir, jaune, rouge, avec points en verre bleu turquoise.
Le linteau au-dessous, est en pierre avec incrustations de marbres rouge et noir, disposition contrariée et entrelacée.

PL. 45. PAVEMENT DU VESTIBULE D'UNE FONTAINE AU CAIRE. — Le grand compartiment dérive de l'hexagone et du trigone; il est encadré par quatre bandes, disposées avec un déplacement périmétrique, et dont le dessin dérive du carré.

PL. 46. DES MOSQUÉES EL-GOURY ET EL-MOYEN. — Premier panneau: Disposition emmanchée, répétition redoublée et contrariée.—

Deuxième panneau: Motif dérivant de l'hexagone, marbres noir, rouge et blanc.

PL. 47. DANS L'ÉGLISE DE SAINT-SÉPULCRE, À JÉRUSALEM. — Tous les dessins dérivent du carré et des divisions angulaires de l'octogone.

PL. 48. PAVEMENT DE LA MOSQUÉE KAIM-BEY. — Le grand compartiment dérive de l'octogone et du carré assemblés.

PL. 49. FRAGMENTS DIVERS D'UN COUVENT GREC À ALEXANDRIE. — La bande verticale dérive du carré et de l'octogone assemblés; la bande horizontale dérive également du carré: le détail dérive de l'octogone étoilé. Le grand compartiment dérive des réseaux trigone et hexagone assemblés.

PL. 50. DE LA MOSQUÉE QESMAS-EL-BARAD'YECK ET DE LA FONTAINE YOUSEF-KOUTH-KEDA.

PL. 51. PANNEAU ET DÉTAILS À JÉRUSALEM.— Les détails proviennent de l'église du Saint-Sépulcre.

PL. 52. DÉTAILS DE PAVEMENT D'UNE FONTAINE AU CAIRE. — Rosace de douze mailles inscrite au carré suivant les diagonales.

PL. 53. DE LA MOSQUÉE DU SULTAN HASSAN ET DE L'ÉGLISE COPTE. — 1 et 2. De l'église copte (vieux Caire). Mosaïques de marbres de couleur, filets de nacre: le premier dessin dérive du réseau carré, le deuxième du réseau trigone. — 3. Rosace de dix inscrite au réseau carré: pierre incrustée de marbres rouge, jaune et blanc et de verres turquoise. — 4 et 5. De la mosquée El-Kamlych. Marbre et nacre: le premier dessin dérive de l'hexagone et du trigone assemblés; le deuxième, de l'octogone étoilé.

PL. 54. DE LA MOSQUÉE EL-MOYEN. — Bande à disposition contrariée et recroisetée, rouge et noir.

PL. 55. DE LA MOSQUÉE DU SULTAN HASSAN.

QUATRIÈME SÉRIE. — ENDUITS

Ces enduits très-spongieux, en plâtre gâché très-clair, sont couchés à plat sur les murs et entaillés ensuite avec une lame carrée du bout. Les arêtes sont légèrement arrondies et des tons à la colle sont ensuite couchés sur les creux et les reliefs. Ces tapisseries produisent un grand effet et sont éminemment décoratives.

Les planches 56 à 62 donnent des motifs qui proviennent d'une mosquée située au Caire, près de l'Abbasieh, une des résidences actuelles du vice-roi d'Égypte, Ismaïl-Pacha. Cette mosquée est un chef-d'œuvre: bâtie d'un seul jet vers le XIVe siècle de notre ère, elle offre une série de combinaisons décoratives qu'on ne retrouve pas ailleurs: nous regrettons seulement que le cadre restreint de notre ouvrage ne nous permette pas de multiplier les exemples que nous lui empruntons.

PL. 56. D'UNE MOSQUÉE AU CAIRE, PRÈS L'ABBASIEH. — Voir pour le tracé de ce motif, le *Trait de l'Art arabe*, fig. VIII, p. 27.

PL. 57. D'UNE MOSQUÉE AU CAIRE, PRÈS L'ABBASIEH. Disposition dérivant du carré et des lignes angulaires de l'octogone; relief continu sur fond vert; boutons violets et le champ des mailles rouge cinabre.

PL. 58. D'UNE MOSQUÉE AU CAIRE, PRÈS L'ABBASIEH. — Relief bleu d'azur; le champ des mailles de la rosace en rouge de cinabre; boutons dorés en saillie sur le nu général. Voir pour le tracé, le *Trait de l'Art arabe*, fig. VIII, p. 27.

PL. 59. D'UNE MOSQUÉE AU CAIRE, PRÈS L'ABBASIEH. — Pour le tracé du grand motif, voir le *Trait de l'Art arabe*, fig. II, p. 25; le tracé de la première bande dérive du trigone; le tracé de la seconde dérive du carré.

PL. 60. D'UNE MOSQUÉE AU CAIRE, PRÈS L'ABBASIEH. — Tracé dérivant du carré: rosace de vingt mailles tangentes, suivant les diagonales du carré, à une rosace de douze mailles décrite du centre. On remarquera l'association des trois tons jaune, vert et violet.

PL. 61. D'UNE MOSQUÉE AU CAIRE, PRÈS L'ABBASIEH. — Tracé suivant le réseau de l'hexagone et du trigone assemblés; les trois bandes dérivent du réseau trigone.

PL. 62. D'UNE MOSQUÉE AU CAIRE, PRÈS L'ABBASIEH. — Pour le premier motif, voir le *Trait de l'Art arabe*, fig. II, p. 25. Le deuxième panneau dérive du réseau hexagonal.

PL. 63. DE L'ÉMIRAT DE L'IMAM-CHAFEÏY. — Rosace dérivée du réseau d'hexagones assemblés. Les quatre petits motifs du bas sont reproduits d'après des monuments du Caire et d'Alexandrie.

CINQUIÈME SÉRIE. — PLAFONDS

PL. 64. D'UNE BOUTIQUE AU CAIRE. — Le motif milieu dérive du réseau carré droit, recoupé d'un autre réseau diagonal; l'encadrement dérive du pentagone et du décagone étoilé.

PL. 65. CAISSON DU PLAFOND D'UNE MOSQUÉE AU CAIRE. — Dessin dérivé de l'hexagone; réseau continu en relief et doré; le fond des rosaces, bleu indigo. Le treillis qui se dessine sur l'ensemble est fond blanc avec des contours cernés de cinabre.
La bordure verticale dérive des réseaux trigone et hexagone assemblés; la bordure horizontale est en relief doré sur fond indigo.

PL. 66. D'UNE MOSQUÉE À ROSETTE. — Le compartiment du milieu comprend deux rosaces dérivées du dodécagone inscrit au carré.

PL. 67. Détails divers. — Les quatre panneaux dérivent du réseau trigone. Les panneaux 1 et 2 sont à réseau continu et en relief doré sur fond blanc, les contours cernés en rouge cinabre; les panneaux 3 et 4 sont à reliefs dorés discontinus sur fond indigo.

PL. 68. D'une école au Caire. — Le motif milieu dérive du réseau carré droit, recoupé d'un autre réseau diagonal; l'encadrement dérive du pentagone et du décagone étoilé.

PL. 69. De la fontaine d'El-Bourdexyeh. — Plafond à solives apparentes en troncs de palmier, revêtus d'une enveloppe de planches découpées. Le détail de l'un des panneaux est donné dans la planche 70.

PL. 70. De la fontaine d'El-Bourdexyeh : Détails. — Dessin dérivant du réseau trigone (Voir la planche 49). La bordure du dessin emmanché, azur et cinabre, suivant un réseau dérivant du carré.

SIXIÈME SÉRIE. — BRONZES

PL. 71. Porte d'une mosquée au Caire. — La rosace du milieu dérivant du réseau carré avec quatre rosaces de douze mailles tangentes suivant les côtés de ce carré. La bordure d'encadrement dérive du réseau trigone.

PL. 72. Porte d'une mosquée au Caire. — Le panneau dérive du réseau carré inscrivant des rosaces de huit mailles; le battant de menuiserie à deux panneaux horizontaux dont le dessin dérive de l'hexagone; les panneaux verticaux dérivent du carré et de l'octogone combinés.

PL. 73. Porte de la mosquée El-Moyen. — Réseau carré avec une rosace étoilée de seize mailles au centre, appointée avec quatre rosaces étoilées de douze mailles aux sommets. La bordure dérive du réseau trigone. Tous les éléments de ces portes sont distincts, rapportés et cloués sur le bois.

PL. 74. De la mosquée Daahir-Bibars. — Voir, pour le tracé de ces motifs, le *Trait de l'Art arabe*, fig. v, p. 26.

PL. 75. Porte d'une fontaine au Caire. — Nous donnons seulement le quart de cette porte, les autres parties étant symétriques.

PL. 76. Détails divers. — Panneau de gironnement d'une porte analogue à celle de la planche 78. Les autres détails sont de la mosquée du sultan Daahir-Bibars, p. 74.

PL. 77. Heurtoirs. — Quelques exemples de *heurtoirs*, provenant du Caire et d'Alexandrie.

PL. 78. Porte d'une mosquée au Caire. — La rosace du milieu à compartiments gironnés.

PL. 79. Porte de la mosquée de Qalaoun. — Entrelacs dérivant du réseau trigone. Trois rosaces de dix-huit mailles aux sommets, une rosace de douze mailles au centre et tangente aux trois autres.

PL. 80. Porte de la mosquée d'El-Goury. — Réseau trigone. Grande rosace de douze mailles aux sommets; rosace de six mailles au centre et tangente aux précédentes.

CLAIRES-VOIES ET DÉTAILS DIVERS

Tous les motifs des planches 81 à 87 inclusivement, sauf les quatre panneaux du bas de la planche 82, appartiennent particulièrement à la période byzantine.

PL. 81. Les panneaux 1, 2 et 4 sont empruntés à la mosquée d'El-Hakem; le panneau numéro 3, à la mosquée de Touloun. — Le premier panneau dérive du réseau trigone; le deuxième du réseau carré; le troisième et le quatrième dérivent du réseau hexagone et trigone assemblés.

PL. 82. Les panneaux 1, 3 et 4 du haut de cette planche sont tirés de la mosquée El-Hakem; le panneau 2 de la mosquée de Touloun. Le premier de ces panneaux dérive du réseau carré; le deuxième du réseau trigone; le troisième du réseau hexagonal; le quatrième du réseau diagonal recroisé de cercles entrelacés et décrits des sommets de ce réseau. — Les quatre motifs du bas de la même planche proviennent de l'Inde. Le premier et le troisième dérivent de l'hexagone disposé suivant un réseau carré; le deuxième dérive du carré et de l'octogone combinés; le quatrième de l'hexagone.

PL. 83. De la mosquée d'Amrou. — Le premier réseau du haut dérive du pentagone et du décagone étoilé; le deuxième du bas dérive du réseau hexagonal.

PL. 84. De la mosquée de Touloun. — Le premier panneau dérive du réseau trigone; le deuxième du réseau carré.

PL. 85. De la mosquée de Touloun. — Le premier panneau dérive du réseau hexagonal; le deuxième du réseau carré.

PL. 86. De la mosquée d'El-Hakem. — Les deux panneaux dérivent des réseaux hexagone et trigone assemblés.

PL. 87. De la mosquée d'El-Hakem. — Le premier panneau dérive du réseau carré; le deuxième du réseau pentagonal, avec des polygones étoilés dérivant du décagone.

PL. 88. Du couvent des derviches au Caire. — Tous ces reliefs sont ciselés dans la pierre ou le marbre. Le premier panneau dérive des réseaux hexagone et trigone assemblés (Voir le *Trait de l'Art arabe*, fig. u, p. 25). Le deuxième panneau, provenant d'un linteau, dérive également de l'hexagone et du trigone assemblés.

PL. 89. Du membre de la mosquée d'Omar, à Jérusalem. — Entrelacs byzantins. Le premier panneau dérive des réseaux carré, hexagone et trigone assemblés; le deuxième de l'hexagone et du trigone assemblés.

Ces reliefs sont ciselés sur du marbre.

PL. 90. Reliefs sur pierre à Jaffa, au Caire et à Rosette. — Le premier et le deuxième motifs proviennent de l'Okel Kaïd-Bey, au Caire. Le troisième motif, dérivant de l'octogone inscrit au carré, provient de Jaffa. Le quatrième motif, qui provient de Rosette, forme une inscription.

PL. 91. Reliefs sur pierre à Jérusalem. — Le grand compartiment dérive de l'octogone. (Voir pour le tracé, le *Trait de l'Art arabe*, fig. vi, p. 26). Les trois petits détails dérivent de l'hexagone.

PL. 92. Fragment d'un vitrail, mosquée El-Moyen. — Des dalles de plâtre sont ajourées sur une ou deux épaisseurs; souvent les trous sont évasés et inclinés de haut en bas. Des fragments de verres colorés sont simplement fichés derrière sur une couche de plâtre liquide. L'exposition universelle de 1867 possédait quelques spécimens de vitraux de ce genre, dans la section turque. C'est une charmante invention et d'un très-bel effet, surtout lorsque le réseau de plâtre est bien apparent.

TABLE DES PLANCHES

ARCHITECTURE

MENUISERIE, MARBRES, ENDUITS, PLAFONDS, BRONZES
CLAIRES-VOIES ET DIVERS

PARIS. — E. PLATE, IMPRIMEUR, 7, RUE SAINT-BENOIT. — 1285]

www.ingramcontent.com/pod-product-compliance
Lightning Source LLC
Chambersburg PA
CBHW070404121125
35336CB00016B/1172